"群学新知"译丛

李钧鹏 主编

人工智能文化

日常生活与数字变革

[澳] 安东尼·艾略特 著

郝苗 译

THE CULTURE OF AI

Everyday Life and the Digital Revolution

Routledge
Taylor & Francis Group

华中科技大学出版社
http://press.hust.edu.cn

中国·武汉

The Culture of AI：Everyday Life and the Digital Revolution，1st Edition / by Anthony Elliott / ISBN：9781138230040

Copyright © 2019 by Routledge

Authorized translation from the English edition published by Routledge，part of Taylor & Francis Group LLC；All Rights Reserved. 本书原版由 Taylor & Francis 出版集团旗下 Routledge 出版公司出版，并经其授权翻译出版。版权所有，侵权必究。

Copies of this book sold without a Taylor & Francis sticker on the cover are unauthorized and illegal. 本书贴有 Taylor & Francis 公司防伪标签，无标签者不得销售。

湖北省版权局著作权合同登记　图字：17-2022-063 号

图书在版编目（CIP）数据

人工智能文化：日常生活与数字变革/（澳）安东尼·艾略特著；郝苗译 .—武汉：华中科技大学出版社，2022.6（2024.8 重印）

　（"群学新知"译丛）

ISBN 978-7-5680-8133-7

Ⅰ.① 人…　Ⅱ.① 安…　② 郝…　Ⅲ.① 人工智能-研究　Ⅳ.① TP18

中国版本图书馆 CIP 数据核字（2022）第 056259 号

人工智能文化：日常生活与数字变革	（澳）安东尼·艾略特　著
Rengong Zhineng Wenhua：Richang Shenghuo yu Shuzi Biange	郝　苗译

策划编辑：张馨芳　陈心玉
责任编辑：刘玉美
封面设计：Pallaksch
版式设计：赵慧萍
责任校对：李　弋
责任监印：朱　玢

出版发行：华中科技大学出版社（中国·武汉）　　电话：（027）81321913
　　　　　武汉市东湖新技术开发区华工科技园　　邮编：430223

录　　排：华中科技大学出版社美编室
印　　刷：湖北新华印务有限公司
开　　本：710mm×1000mm　1/16
印　　张：13.25
字　　数：200 千字
版　　次：2024 年 8 月第 1 版第 3 次印刷
定　　价：98.00 元

"群学新知"译丛总序

自严复在 19 世纪末介绍斯宾塞的"群学"思想至今，中国人引介西方社会学已有一个多世纪的历史。虽然以荀子为代表的古代先哲早已有了"群"的社会概念，社会学在现代中国的发展却是以翻译和学习西方理论为主线的。时至今日，国内学人对国外学术经典和前沿研究已不再陌生，社会学更是国内发展势头最好的社会科学学科之一。那么，为什么还要推出这套"群学新知"译丛？我们有三点考虑。

首先，我们希望介绍一些富有学术趣味的研究。在我们看来，社会学首先应当是一门"好玩"的学科。这并不是在倡导享乐主义，而是强调社会学思考首先应该来自于个人的困惑，来自于一个人对其所处生活世界以及其他世界的好奇心。唯有从这种困惑出发，研究者方能深入探究社会力如何形塑我们每个人的命运，才能做出有血有肉的研究。根据我们的观察，本土社会学研究往往严肃有余，趣味不足。这套译丛希望传递一个信息：社会学是有用的，更是有趣的！

其次，我们希望为国内学界引入一些不一样的思考。和其他社会科学领域相比，社会学可能是包容性最强的学科，也是最多样化的学科。无论是理论、方法，还是研究主题，社会学都给非主流的研究留出了足够的空间。在主流力量足够强大的中国社会学界，我们希望借这套译丛展现这门学科的不同可能性。一门画地为牢的学科是难以长久的，而社会学的生命力正在于它的多元性。

最后，我们希望为中西学术交流添砖加瓦。本土学术发展至今，随着国人学术自信的增强，有人觉得我们已经超越了学术引进的阶段，甚至有人认为中西交流已经没有价值。我们对此难以苟同。中国社会学的首要任务当然是理解发生在这片土地上的经验与实践，西方的社会学也确实有不同于中国的时代和文化背景，但本土化和规范化并不是非此即彼的关系，本土化研究也绝对不等同于闭门造车。在沉浸于中国的田野经验的同时，我们也要对国外的学术动向有足够的了解，并有积极的对话意识。因为，唯有将中西经验与理论进行严格的比较，我们才能知道哪些是真正"本土"的知识；唯有在本土语境下理解中国人的行动，我们才有望产出超越时空界限的学问。

基于上述理由，"群学新知"译丛以内容有趣、主题多元为选题依据，引入一批国外社会学的前沿作品，希望有助于开阔中文学界的视野。万事开头难，我们目标远大，但也希望走得踏实。做人要脚踏实地，治学当仰望星空，这是我常对学生说的话，也与读者诸君共勉。

（华中师范大学社会学院教授、博士生导师）
2022 年世界读书日于武昌南湖之滨

献给托尼·吉登斯

（FOR TONY GIDDENS）

序　言

　　早上 7 点，瑞秋被亚马逊的虚拟私人助理 Alexa
启动的 BBC 广播的声音吵醒。[1] 这个虚拟的私人助理是
由编程控制的，用来协助瑞秋安排紧凑的晨间日程，
并完成多个任务，比如开灯、打开暖气、启动咖啡机，
而瑞秋则可以继续她的晨间例行程序。瑞秋走向浴室，
拿起一支电动牙刷，它每隔 30 秒就会响一声，提醒她
换一个不同的牙齿区域刷牙，以获得最佳的口腔卫生
状态。瑞秋听了 BBC 播报的有关英国议会上议院关于
人工智能调查的最新消息，该调查关注安全专家有关
人工智能利用日常智能技术进行网络攻击的证据。[2] 她
在早餐时通过平板电脑查看交通状况，决定使用环保
的汽车共享应用 Zipcar 上班。到了办公室，瑞秋很快
就把注意力集中在工作上，因为她意识到最近由于新
一轮自动化而导致的大量裁员在她的同事中引起了很
大的焦虑。她花了一天的时间，用一个最近开发的、
越来越受欢迎的工作网站来整理公司空缺职位的应聘
申请，该网站使用智能算法对应聘者进行分类。[3] 在工
作的同时，瑞秋一整天都在用 Petcube 监视她年迈的宠
物猫，这是一个使用 Wi-Fi 的设备，可进行监视和传
输视频。[4]

　　下班后，瑞秋去了一家咖啡馆，在那里，她登录
应用程序 *Be My Eyes*，这个应用程序可以将视力正常
的人和视力受损的人进行匹配，通过移动设备将正常
人所看到的事物与视力受损的人分享。她每周都会这
样做几次，因为她的父亲（几年前去世）也曾经失明。

回家的路上，她去了一家超市买些东西，为自己和伴侣准备晚餐。她最近购买的智能冰箱有一款应用程序，可以提醒她购买西红柿、洋葱和牛奶，这些东西在冰箱里的储存不多了，而且智能冰箱"知道"她经常食用这些东西。[5] 晚饭后和伴侣闲聊了一会儿，她拿起手机，看到了一则通知，说飞往澳大利亚的机票价格已大幅下降。瑞秋想去看望她在悉尼的表妹，所以要求手机应用程序在机票价格降到她能负担得起的水平时给她发出通知。回到卧室，瑞秋和她的伴侣在新买的智能床上休息。这张床"知道"她一般什么时候就寝，并提前把她睡的那半边床加热到她觉得舒服的温度，如果她的伴侣开始打鼾，这张床还可以轻轻抬起他的头。[6]

从瑞秋的一天，我们能够得到在这个时代生活的哪些信息呢？在21世纪，人工智能是怎样改变我们的生活和工作方式的？从瑞秋的故事中，我们能略窥一二。首先，这个小插曲是以伦敦为背景的，但它也可以发生在哥本哈根、芝加哥、新加坡或者旧金山。瑞秋的一天向我们展示了数字变革影响下的日常生活，尤其是人工智能和软件算法在我们的日常活动以及与他人的联系中的兴起。人工智能不仅仅存在于你的想象中，而是存在于你日常生活的行为中！瑞秋的故事表明，从虚拟私人助理到语音聊天机器人，随着越来越多的人同时使用多个人工智能软件程序和虚拟私人助理，而且常常是跨平台操作，人工智能在我们的日常生活中日益占据中心地位。人工智能、机器学习和大数据的爆炸式增长进入人们日常生活互动的核心，例如个性化社交媒体、面部识别软件和办公室的门禁都体现了这一点。

简而言之，人工智能已经成为当今主流。然而，除了生活方面，人工智能显然也在对其他方面产生影响。如果人工智能改变了我们的生活方式和个人生活，它也会对组织机构、社会系统、民族国家和全球经济产生影响。人工智能不仅是技术的进步，而且带来所有技术的蜕变。在数字分布全球化和使用产生大量数据的互联网连接设备的背景下，软件算法、深度学习、先进机器人技术、加速自动化和机器决策的广泛应用产生了复杂的新系统，对社会、文化、政治和机构产生了多重影响。就像瑞秋的日常活动所展示的那样，今天人们的生活和生活方式建立在复杂数字系统和专门的科学技术之上，而人们通常意识不到这一点。换句话说，被人工智能渗透的生活方式与广泛而高度密集的复杂数字系统错综复杂地交织在一起。在这本书中，我将把重点放在由人工智能的兴起、先进机器人技术和加速自动化带来的数字系统和生活方式的相互作用上。

生活在数字变革的时代绝对不是纯粹幸福的事。我们生活在一个技术创新日益增加的世界，这个世界介于巨大的机遇和风险之间。人工智能的巨浪席卷全球，并以人类历史上前所未有的规模重新创造公共生活及成功的社会合作的可能性。例如，人们运用人工智能来追踪大堡礁的鱼类，保护亚马孙地区的生物多样性，并使用传感器阻止其他动物进入濒危生物栖息地；[7] 使用人工智能显微镜监测海上浮游生物以及使用人工智能驱动的机器人清洁海洋的研究也处于高级发展阶段；[8] 另一个例子是在打击全球恐怖主义的斗争中，人们部署人工智能设备，通过超级计算机收集信息和情报。与此同时，人工智能也造成大量可能的高风险威胁，[9] 比如杀人机器人、致命的自动武器技术和犯罪组织或无赖国家使用的人工智能。人工智能可能预示着人类的终结——这是史蒂芬·霍金（Stephen Hawking）（已故）、比尔·盖茨（Bill Gates）和埃隆·马斯克（Elon Musk）等名人发出的警告。这种文化焦虑的核心是担心人工智能超过人类智能时可能会发生什么。最令人不安的人工智能发展趋势之一是人工智能、数字技术和战争手段的融合。在这本书中，我着重强调了人工智能在军事领域产生的变革作用，特别是新形式的监控对世界秩序发展的影响，大数据和惊人的算法能力是这项技术发展最重要的特征。

为了使读者系统地获得关于技术创新和科学发现的众多论点，我将在这里以基本观察的形式总结本书的主要观点。

（1）数字世界与人工智能有着直接的联系，但今天技术变革的范围比人工智能更加广泛。尽管在一些关键术语的表述上还存在不同意见，只要我们能看到人工智能、先进机器人、工业4.0、加速自动化大数据、超级计算机、3D打印、智能城市、云计算和万物互联网之间的联系，就能在社会、文化和政治领域充分体会到数字变革的影响。我们还必须在生物技术、纳米技术和信息科学等更广泛的背景下来看待这些技术变革。本杰明·布拉顿（Benjamin Bratton）最近在谈到"行星级计算巨型结构"[10]时就谈到了这一点。

（2）人工智能与其说关乎未来，不如说关乎当下。我们的生活中充满着人工智能，比如聊天机器人、谷歌地图、优步、亚马逊推荐、垃圾邮件过滤器、机器阅读器和人工智能驱动的虚拟私人助理（如Siri、Alexa和Echo）。因此，人工智能革命正在进行中，并且正在全球以复杂且不均衡的方式展开。

（3）人工智能不仅仅是一种外部现象，比如在机器学习算法或情感识别技术领域，人工智能还渗透到个人生活中，从而广泛地改变了自我身份的本质和社会关系的结构。

（4）我们在日常生活中所做的很多事情都是由人工智能组织和协调的。在不知不觉中，人工智能很大程度上改变了我们日常生活的结构。就像电一样，人工智能本质上是看不见的，它自动运行，在"幕后"操作，因此机场的门能自动打开（或不打开！），GPS导航能帮助我们回家，虚拟私人助理能在日常生活中给予我们帮助。也正像电一样，人工智能正在迅速成为一种通用技术，或者说，一种能够在此基础上开发出一系列创新性应用的技术。

（5）由于工业4.0的发展，人工智能将从根本上加剧对劳动力市场和就业的数字化干扰程度，许多工作会因为人工智能而消失，但这并不像"机器人崛起论"那么简单，其他就业机会也会因为人工智能而得到增加，许多（目前还不知道的）新的就业机会也将产生。在所有这一切中，数字技能，特别是培养人们的数字理解能力，将是至关重要的。

（6）诚然，人工智能开启了一场就业革命，但是也许最重要的全球变革是在交流和日常生活领域。人工智能对于人们的交流方式有着重要的影响。现在，不仅超过50％的互联网流量是由机器之间的交流产生的，而且个人与机器之间的对话频率正在显著上升，并将继续增加。聊天机器人、软件机器人和虚拟私人助理将成为人们生活和工作中不可或缺的组成部分。

（7）先进的人工智能与以前的技术自动化大不相同。今天，我们见证了新技术的传播，这些新技术是移动的、可感知场景的、自适应的以及能与其他智能机器交流的。智能机器现在正以前所未有的速度"移动"——从自动驾驶汽车到无人机——并且正在全球范围内快速建立并改造网络连接与通信。

（8）技术创新和科学发现极大地扩大了人工智能在社会、经济、政治和文化领域的应用范围。人工智能下一阶段的发展——从可吞食手术机器人到微型军事无人机——存在极高的不确定性。今天我们面临的关键问题是，我们的社会能否包容人工智能文化的不确定性，能否对之做出创造性的反应，以及对不断发展的数字变革抱有更加开放的心态。

关于这些论点的性质和范围，可以关注一些相关评论。本书的重点是为人工智能文化提供一种解读视角，包括它对日常生活的介入和对现代机构的变革所产生的影响。人工智能起源于地缘政治，同时也影响着地缘政治。人工智能不断地与民族国家、全球经济和全球政治交织在一起。在地缘政治领域，人工智能主要涉及竞争力量，即在人工智能推动的经济增长中塑造全球化竞争力量，以及保持全球竞争力的研发举措。以货币投资和公共政策举措为基础的创新是数字变革的核心。全球最重要的人工智能中心在硅谷以及纽约、波士顿、伦敦、北京和深圳。[11]以国家对人工智能的投资为例，英国承诺在 10 年内投资 13 亿美元，法国承诺在 5 年内投资 18 亿美元，欧盟预估到 2030 年公共投资总额将达到 200 亿美元，中国预计到 2030 年将投资 2090 亿美元。难怪一些对生产力驱动的经济增长的预测得出，到 2030 年，人工智能可能为全球经济贡献约 16 万亿美元。[12]在本书中，我试图追踪人工智能变革的方向，但我并不会就人工智能对地缘政治和当今世界各国之间关系的影响进行详尽的分析。[13]

目　录

导　言

正如许多所谓的当代现象，人工智能实际上是一项古老的发明。[1] 作为一种文化理想，它首先出现在希腊化时期，作为一种"造神"的冲动（用某位评论家的话说），[2] 是一种贯穿古希腊的思想。希腊神话中就出现了关于智能机器人和思维机器的想法，如克里特岛的塔罗斯（Talos of Crete）；中国西周时期，工匠偃师曾制作人形机器人进献给周穆王；[3] 古希腊时期，亚历山大的希腊工程师希罗（Hero）曾设计过机械人和其他机器人；阿拉伯博学者伊斯梅尔·加扎利（Ismail Al-Jazari）在他著名的《精巧机械装置的知识之书》中描述过一支由机械人组成的可编程的管弦乐队；[4] 凯文·拉古兰德（Kevin LaGrandeur）认为关于人造奴隶的记载可以追溯到荷马的《伊利亚特》第十八卷，而亚里士多德在他的《政治学》一书中对人造奴隶的长篇大论正是人造奴隶的基础。[5]

随着笛卡尔（Rene Descartes）将动物的身体比作复杂的机器，在现代早期的欧洲产生了一些不那么引人注目的人工智能理论。英国政治理论家托马斯·霍布斯（Thomas Hobbes）认为，只有机械的认知理论才能充分理解人类理性；法国哲学家帕斯卡尔（Blaise Pascal）开始着手发明机械计算器，这位非凡的数学家开发了大约 50 个原型和 20 个计算机器；加比·伍德（Gaby Wood）认为，我们对机器人的迷恋可以直接追溯到现代早期人们对机械生活的追求，而雅克·德·沃康松（Jacques de Vaucanson）的消化鸭（一个巧妙的骗局）和他的机械长笛手（真的可以演奏）就是典型的代表。[6] 19 世纪关于机械化生活的论争实际上反映了人们对未来技术的憧憬，这反过来又促使人们希望拥有更多的技术。在玛丽·雪莱（Mary Shelley）的《弗兰肯斯坦》中，维克多·弗兰肯斯坦（Victor Frankenstein）的科学探索赋予无生命的物质以生命；在卡雷尔·恰佩克（Karel Capek）的《罗素姆万能机器人》中，工厂可以生产机器人、半机器人和人形机器人。

2

在我们这个时代，人工智能在很大程度上是计算机科学、数学、信息科学、语言学、心理学和神经科学等学科的专利。"人工"一词意味着机器可以复制或者模拟人类智能，因此也意味着人工智能和数字技术（包括高级机器人技术和加速自动化）之间有着密切关系，这一点正是我试图通过本书说明的。关于人工智能到底是什么或不是什么的争论，我们很容易就能写成一本书。自 20 世纪 50 年代中期，美国计算机科学家约翰·麦卡锡（John McCarthy）、马文·明斯基（Marvin Minksy）、赫伯特·西蒙（Herbert Simon）和艾伦·纽厄尔（Allen Newell）共同创建人工智能研究领域，并在美国达特茅斯学院（Dartmouth College）组织了一次富有传奇色彩的学术会议以来，未来人类的能力将越来越多地被智能机器复制的这一说法一直存在争议，其中的核心问题是：人工智能的具体定义是什么？人工智能与高级机器人有什么不同？什么使机器变得智能，而不仅仅是有用？如何将人工智能与有机智能区分开？在计算机科学、信息科学、语义学、语言和思想哲学、意识理论等领域的学术讨论中，关于人工智能究竟是什么仍然存在着激烈的争论，而媒体和商业界有关人工智能的讨论则更多是机会主义的，人工智能成为一个流行词，一种市场营销工具，用来吸引消费者的注意力，并使公司跻身于行业最新技术的前沿。好莱坞影片《终结者》和《机器人瓦力》的出现，也使人们将人工智能与机器人混为一谈。伊恩·博格斯特（Ian Bogost）在谈到当代文化争论时写道："人工智能已变得毫无意义。"[7]

　　尽管研究者对如何描述人工智能及其相关技术的主要定义元素缺乏一致意见，[8] 但在公共政策和治理领域，他们却对人工智能的定义达成了某种程度的共识。英国政府 2017 年发布的《产业战略白皮书》将人工智能定义为"能够执行需要人类智能的任务的技术，如视觉感知、语音识别和语言翻译"。[9] 这是一个为推广人工智能打造的定义，这个定义十分狭窄，没有提到人工智能最重要的深层驱动因素，例如，它并没有强调人工智能和机器学习之间错综复杂的联系，而这对于人工智能是至关重要的。人工智能的一个关键因素，一个被英国政府白皮书忽略的因素，是从新的信息或刺激中学习和适应的能力。人工智能的深层驱动力之一就是网络化自主学习通信技术的进步和智能机器的相对自主性。这些自主学习、自主适应和自我管理的新系统不仅重构了有关人工智能究竟是什么的争论，而且影响了人工智能和有机智能之间的关系。

　　虽然人工智能产生了越来越多的相互关联的自主学习系统，但它并不会自主产生与从事这类技术的人相同的人类反应或价值观。人工智能与其技术应用之间的关系，特别是人工智能与人们对人工智能的体验或看法之间的关系是复杂的。基于本研究的目的，我将人工智能及其相关的机器学习定义为：任何可以感知环境并智能地对数据做出反应的计算系统。当一定程度的自主学习、自我意识和感知能力得到实现时，机器才可以称得上是"智能"的，有资格获得"人工智能"的称号。智能机器不仅具有专业知识，而且具有不断提升的自省能力。当智能机器能够处理突发事件时，人工智能和自主学习之间的关系就可以被认为是达到了比较高的水平，毕竟，许多机器学习算法是很容易被欺骗的。广义地说，在本书中，我把人工智能看作任何能够感知、思考、学习周围环境，并对感知到的数据进行反应（处理突发事件）的计算系统，[10] 而人工智能相关技术则包括机器人技术和采用深度学习、神经网络、模式识别（包括机器视觉和认知）、强化学习和机器决策等学习方法的纯数字系统。

　　计算学习是根据数据或刺激进行适应和系统化改进的学习方式，它是人工智能系统的常见组成部分。由深层次的处理节点组成的神经网络是一种模仿人脑结构的机器学习形式，它的兴起对人工智能的功效和传播有着特别重要的意义。神经网络最新的衍生产品——深度学习，是一种利用多层人工智能解决复杂问题的学习方式，它极大地吸引了商业、媒体、金融部门和大型企业的注意。正如我将在本书中详细描述的那样，对于人工智能的科学期待主要集中在复制一般智力上，即理性、认知、感知以及计划、学习和自然语言处理能力，因此，人们并不清楚人工智能究竟能在心理、性或私人领域起到什么作用。我在这本书中阐述的一个核心论点是，数字生活的兴起（包括普适计算、万物互联网、人工智能和机器人）正在使社会关系产生一种深刻的变革，一方面是公众、政治和全球之间的关系，另一方面是私人、性和心理的关系。人们对于人工智能的愿景——有些实现了，有些还仍然是梦想——就处于这种蜕变的核心。

◎ 图灵测试及之后

对于今天的大多数人来说，谈到人工智能，人们会想到聊天机器人和复杂算法，而不是计算机科学家们关于其定义的争论。事实上，一些在日常交谈中提及人工智能的人可能并不知道，关于人工智能究竟是否可以复制人类智能这一问题存在着大量的科学争论和哲学争论。早在 1950 年，计算机先驱阿兰·图灵（Alan Turing）就提出了一个重要问题：机器能思考吗？由于没有公认的方法或者单一的测试来确定是什么构成了思考，图灵提出了一个思维实验。在这个实验中，关键问题是科学家是否能够制造出一台机器，以人类的身份传递信息给其他人类。图灵将这种思维实验称为"模仿游戏"，在这个游戏中，测试者要辨别出人类和机器参与者之间的区别。测试者坐在电脑屏幕的一边，与屏幕另一边神秘的对话者聊天，这些对话者大部分是人，但其中一个对话者是一台机器，试图欺骗测试者，让测试者认为自己是一个有血有肉的人，这个实验被称为"图灵测试"。

最近几十年，在人们通过"图灵测试"对机器的思维能力进行评估时，所谓的人工智能和真正的人工智能之间的差异已经显现出来，有时这种差异甚至是很大的。与任何测试或者实验一样，一方面，人们发布了各类声明，声称他们通过了"图灵测试"；而另一方面，更多的人则以失败告终。1966 年，模仿心理治疗师行为的 ELIZA 程序被一些人判定为通过了"图灵测试"，尽管这一说法受到了其他人的强烈质疑。[11] 从那时起，人工智能就被设置在了计算机程序中，这些程序在国际象棋比赛中击败了世界冠军，并在电视智力竞赛节目《危险边缘》中获得了胜利！从苹果的 Siri 到微软的 Cortana，人工智能已经在移动设备上生成了可以用自然语言交流的软件，智能数字助手的数量也大幅增加，比如丰田、现代和特斯拉等公司开发的车载助手。2018 年，谷歌发布了 Duplex，这是一项令人眼花缭乱的人工智能及语音技术，它不仅可以预订餐厅桌位或者预约理发，而且在预约时还可以比较轻松地通过电话与人交谈。

尽管数据驱动软件在自然语言处理方面取得了重大进展，但机器智能仍然难以实现。造成这种现象的原因不仅是技术上的，而且还涉及一些更深刻的问题，比如有关什么是人类这样一些已经在研究的社会学问题。美国哲学家约翰·塞尔（John Searle）对这个问题进行了重要的讨论。考虑到在日常生活中不断变化的语境下语言的复杂性，塞尔认为计算机系统不可能像人类那样思考和理解语言，为了证明这一点，塞尔提出了他的"中文房间论证"，其主要论点如下：

> 假设一个以英语为母语、完全不懂中文的人被锁在一个房间里，这个房间里装满了有各种中文字符的盒子（一个数据库），还有一本操作字符的说明书（程序）。房间外面的人传递进来一些由中文字符构成的问题（输入），房间里的人虽然并不知道这些字符的意思，但却可以按照程序的指令发出由中文字符组成的正确答案（输出）。这个程序可以让房间里的人通过图灵测试，证明他可以理解中文，但实际上他对中文是一窍不通的。[12]

计算机代码，也就是任何人工智能程序，都不足以实现持续的意识或者意向性。正如塞尔总结的那样，"如果房间里的人在使用了中文理解程序的基础上仍不能理解中文，那么任何数字计算机也不能仅仅在这个基础上理解中文，因为作为计算机，任何一台计算机都不可能拥有人没有的东西"。

塞尔通过"中文房间论证"来驳斥心智研究的功能主义方法。针对把理解当作信息处理方式的心智计算理论，塞尔试图表明，意识或者意向性不能脱离外部现实而独立存在。对于"中文房间论证"，人们提出了许多批评观点，这些观点在相关文献中已经得到了充分展示，所以在这里我不再赘述。[13] 我认为，塞尔论证的结论基本上是正确的，即理解不是仅通过对外部现实的描述就能建立起来的。正如维特根斯坦的哲学观所强调的那样，要理解词汇的含义，就必须能够将这些词汇运用在日常生活中。听着谷歌的 Duplex 在预订餐厅的时候和服务员在电话上聊天，让一些观察者相信，机器智能时代终于到来了。不管是不是这样，我在这本书里讨论的重点是一个与此不同但又相关的问题，这一问题有关人工智能正在全球范围内引发的变革，即交谈领域的人工智能革命。交谈通常是人与人之间的谈话，但是今天的交谈以及我们如何在日常生活中发起交谈正在迅速发生改变，这一切都与人工智能相关。从人工智能的角度来看，交谈是什么？许多人马上会想到Siri、Alexa、Cortana、Ozlo 和其他聊天机器人的兴起。本书的重点是人们如何使用这些人工智能系统以及应该对它们做何反应，而不是仅仅将人工智能视为单纯的技术成果。交谈将越来越成为我们通过人工智能进行日常接触（人机对话）的主要特征，尽管它一直是在有关人工智能的争论中被忽视的一个方面。

在本书中，我对人工智能做了广义的解释，并没有使用人工智能和机器学习研究领域中狭隘的方法论定义。我的关注焦点是植根于日常生活和现代机构中的人工智能，并且我会从媒体的相关报道以及工商业领域对人工智能的理解中汲取信息。我之所以选择这个方向，部分原因是为了挖掘各种形式的机器智能和人工智能自主学习算法，并思考它们对社会、文化、经济和政治关系的影响。这本书介绍了已经渗透到我们生活各个方面的，当前人工智能、机器人技术和机器学习领域的一系列应用，以及将深刻改变我们个人和职业生活的可能的各种应用。

可以说，曾经的梦想如今在全球已经成为现实。人们希望通过数字技术对我们的日常生活进行排序、重新排序和变革的需求似乎是无尽的。今天，人工智能已经渗透到我们的大部分活动中，并且越来越多地塑造我们的生活。数字技术已经非常成功地满足了社会高速发展的需求，人工智能通过诸如 ATM 机上的支票扫描机和 GPS 导航等技术，越来越多地渗透到我们的生活中，最初的哲学梦想或者实验科学的假设之物现在已经变成日常生活中司空见惯的，甚至每天都在使用的东西。今天的技术革命——从数字化 3.0、云计算和 3D 打印到聊天机器人、遥控机器人和无人机——是一场面向未来的变革。我们经常被科学家和媒体告知，数字变革将改变我们未来几十年的生活和工作方式，现在甚至有一个庞大且不断增长的产业，即由专家预测数字技术在未来将如何影响我们所做、所见、所感、所思和所谈。[14] 这种对人工智能影响下的未来世界的憧憬并不是什么新鲜事，从艾萨克·阿西莫夫（Isaac Asimov）的《我，机器人》到亚瑟·查理斯·克拉克（Arthur C. Clarke）的《2001：太空漫游》，这些作品对未来世界的描绘都极其相似——未来是人工智能和机器人的世界。被新技术改变的未来毫无疑问已经到来，技术的未来——尽管存在着巨大的争议并充斥着相互冲突的社会经济利益——正在以前所未有的方式重塑当代社会。

人工智能不是一种简单的外部技术，人工智能直接嵌入了我们生活的核心，深刻地影响和重建我们的个人身份和社会关系。人们与新技术之间复杂的互动方式，从根本上改变了这些新技术的进一步发展。高级人工智能及与其相关的新数字技术最显著的核心特征之一就是：人类和机器之间的界限在很大程度上已经消失，这反过来促进了人与人工智能的互动在各种各样的机器人生态系统中的应用。今天，人机界面的大量涌现对我们的工作方式、生活方式、社交方式、行为方式以及我们个人生活的许多其他方面都有着深远的影响。比如，越来越明显的是，我们不再使用键盘和鼠标与大多数智能系统进行互动，自然语言将广泛应用在个人辅助设备上，虽然这一技术仍处于初级阶段；最近，越来越多的完全摈弃了传统界面的消费设备出现在市场上，如 Alexa 和 Home；其他使用创新界面的例子包括增强现实和虚拟现实、交互式全息图、消费者层面的脑电图技术、射频识别植入、计算情绪分析和预测以及可穿戴设备等。[15]

◎ 从自动驾驶汽车到太空机器人：颠覆性科技和数字世界

让我们来看看以下三个从最近的媒体报道中随机选取的例子，它们都能说明技术创新和科学突破正在改变经济、文化和政治生活。

第一，我们来看看自动驾驶汽车。移动系统自动化的快速发展以及利用大数据对交通行为进行建模的技术，使得越来越多的人认为自动驾驶汽车将很快成为道路交通的未来。也许没有什么比自动驾驶汽车更能将制造业的前景与人们对科技的期待紧密地联系在一起。尽管许多专家预测在 21 世纪 30 年代之前，自动驾驶汽车尚不会全面使用，[16] 但随着许多自动驾驶汽车——从自动驾驶轿车到机器人卡车——已经出现在世界各地的道路上，人工智能时代已经向我们展现了未来的样貌。从谷歌到优步等科技巨头，以及特斯拉、通用汽车、沃尔沃、戴姆勒、福特、捷豹、奥迪和宝马等汽车制造商，都在开发自动驾驶汽车。许多自动驾驶汽车都是紧凑型轿车，但也有一些自动驾驶技术在卡车和公共交通运输车型上得到应用：2016 年初，一种自动驾驶电动巴士 WePod 在荷兰的公路上成功试运行；2016 年 7 月，一辆能够载人的自动公共汽车——EasyMile EZ-10 电动小巴也成功试运行，载着乘客在上下班高峰期穿梭在芬兰的赫尔辛基。此外，还有许多其他有关自动驾驶汽车的实验，包括自 2012 年起，在美国加利福尼亚州、佛罗里达州、内华达州和密歇根州的公路上进行的实验，在荷兰鹿特丹进行的无人驾驶卡车实验以及英国 M6 高速公路上的自动驾驶卡车实验。[17]

未来，自动驾驶汽车的制造不仅涉及强大的技术（从先进的传感器到计算机视觉系统），而且还涉及交通管控。因此，只要在交通发展计划和自动驾驶技术的商业化进程中涉及未来的汽车制造和运输，就必定会和摄像技术、全球定位系统、加速传感器以及陀螺仪的技术创新交织在一起。[18] 据《新科学家》报道，英国为提升公共交通系统性能而推出的无人驾驶汽车对这一点起到了很好的说明作用：

> 伦敦将成为世界上首批拥有无人驾驶汽车的城市之一。虽然无人驾驶汽车的数量和运行的确切路线仍然有待确定，但是几个月后你将能够进入一个自动驾驶舱，沿着公路抵达你的目的地……这只是一场交通革命的开始，因为目前无人驾驶汽车仅在少量实验区域推出。在英国，格林威治、米尔顿·凯恩斯、考文垂和布里斯托尔等地将率先启用无人驾驶汽车，类似的项目也正在世界上的其他城市进行，包括新加坡以及美国德克萨斯州的奥斯汀、加利福尼亚州的山景城、密歇根州的安阿伯。[19]

2017年，自动驾驶舱开始在伦敦希思罗机场上使用，并在伦敦东南部地区进行了推广。[20] 制造商向消费者游说这种自动驾驶舱在个人层面和文化层面的各种好处，比如，他们可以在乘坐时看电影，也可以继续手头的工作。工程师强调这种自动驾驶系统的安全性得到了提升，[21] 政策规划者也强调了这种自动驾驶舱的社会效益，[22] 它能够帮助出行比较困难的人在城市中穿梭。然而，支持自动驾驶汽车的论断最近遭受了巨大的打击，在美国，一辆由优步公司运营的自动驾驶汽车（驾驶座上还坐着一个紧急后备司机）撞死了一名妇女。[23] 这个赤裸裸的事故提醒人们，人工智能可能衍生出新风险，一些评论家也认为这些风险已成为我们当代生活中不可避免的一部分。

第二，我们来看看3D打印。强大的技术创新和商业投资以及快速成型打印需求的激增，标志着3D打印技术的发展和壮大。3D打印开创了添加型的制造过程，这种制造过程是一层一层地构建产品，这与传统的删减型的工业制造形成了鲜明的对比，这种制造过程包括金属、木材或其他材料的切割、焊接或钻孔。3D打印是"桌面制造"技术的一种形式，在办公室、家庭、商店和工作间都可以应用这种技术。全球范围的媒体对3D打印的关注主要集中在产品设计和生产创新上，但是，在评估3D打印的风险时，考虑到大规模采用3D打印技术会对现有的工业和后工业制造系统产生的颠覆作用，以及对全球经济造成的挑战，于是，围绕3D打印出现了一系列激烈的争论。[24] 然而，3D打印技术像自动驾驶汽车一样承载着未来的前景，而全球制造业和世界贸易中也已经出现了 3D 打印产品，这种发展趋势一定程度上削弱了这些争论的影响。正如托马斯·伯奇内尔（Thomas Birtchnell）和约翰·厄里（John Urry）所指出的，3D 打印已经应用于汽车和航空航天制造、奢侈品配件、医疗和健康应用（从假体的打印到有机移植）以及零售和服务产品的许多工业流程中。[25]

随着"桌面制造"技术的不断发展，3D 打印和传统建筑方式快速融合。2010 年代，在中国掀起了有关 3D 打印房屋的媒体热潮。人们可能会认为通过软件设计和 3D 打印建造房屋只是科幻小说里的情节，然而，在中国，这一技术已经迅速发展起来。一家媒体的报道总结了这些发展状况：

10

> 在中国的某个省会城市，一座 3D 打印的房子仅用了三个小时就建成了。在本月早些时候，中国房地产开发商卓达集团在西安的一块土地上组装了 3D 打印建造出来的餐厅、厨房、浴室和卧室的独立模块。[26]

除了施工速度快之外，这些 3D 房屋的建造成本非常低廉，而且使用的建筑材料都是环保材料。最近，另一家公司发展了这一技术，将速度提高至每天可以打印 10 套房子。这种技术将引领房地产业进入一个全新的领域，消费者能够根据需要随时更新和打印新的房屋扩建部分。

第三，近年来最令人惊讶的颠覆性的技术应用之一就是人工智能在太空探索领域中的运用。50 多年前，标志性的科幻电影《2001：太空漫游》描绘了一台有知觉的人工智能计算机——哈尔 9000，它杀死了"发现一号"航天器上的许多宇航员。由于描写了由人工智能和机器人引发的人们对新技术的恐惧和焦虑，这部电影在今天依然具有极强烈的现实意义。然而，这些担忧并没有影响许多机构将机器人技术和高级人工智能引入航天器探索中。自 2012 年以来，美国宇航局的 Robonaut 和东京大学研制的 Kirobo 等灵巧的人形机器人被派往国际空间站协助宇航员工作。最近，空客和 IBM 共同开发了 CIMON（组员互动移动伙伴），这是一种采用沃森人工智能技术的漂浮机器人。CIMON 被研究人员称为太空中第一个"飞行大脑"，它拥有具备面部和声音识别技术的人工智能神经网络，可以作为"真正的同事"支持宇航员在国际空间站中进行日常工作。由美国宇航局约翰逊航天中心为未来的火星任务开发的 Valkyrie，是一个高 6 英尺 2 英寸（约 1.89 米），重 275 磅（约 125 千克）的人形太空机器人，它将被提前送往火星，用于建造营地和生命维持系统，直到人类宇航员抵达。[27] 为此，Valkyrie 配备了最先进的传感、计算和移动技术，包括两台英特尔酷睿 i7 计算机、危险摄像头、驱动器和安装在头部的多感应摄像头。

那么，在我们的世界，这些数字技术和高级人工智能的应用告诉了我们什么呢？随着技术的快速发展以不可预知的方式与社会关系交织在一起，人工智能、机器人技术、先进自动化以及由这些创新所引发的焦虑又会怎么样呢？从自动驾驶汽车到 3D 打印技术，再到先进太空机器人，以上问题的答案很大程度上取决于社会如何适应那些在当前和未来对我们的生活和工作方式进行重组的技术。正如其他人工智能实验一样，是社会对技术的接受程度而不是技术本身决定了我们的集体想象力和理想未来。[28] 换句话说，人工智能创新的结果究竟如何是无法预知的，但是，可以肯定的是，人工智能的梦想不仅成为世界范围内的现实，而且已经注入了我们文化中关于科技的愿景部分。在数字世界中，人工智能机器人已经学会了信息叠加（现在主要应用于虚拟化防病毒），仪器技术熟练度也越来越高。我认为，最根本的转变是一种新的原型基础结构的出现，它改变了机器与机器之间的连接方式，触发了人与机器之间的非接触式互动（交流的、数字化的、虚拟的），而这种互动方式已经对我们的生活产生了巨大的影响。奈杰尔·思瑞夫特（Nigel Thrift）早在 2014 年就指出，"现在一半的互联网流量属于非人类来源"，这说明在计算机上伪装成有血有肉的人类代理人的社交机器人的兴起。[29] 经济学家布莱恩·亚瑟（Brian Arthur）称之为智能自动化机器的新兴"第二经济"，[30] 他提到，"最先进的科技在我们的经济运行中占据着极大的比例，它帮助建筑师设计建筑，跟踪销售和库存，运送货物，执行交易和银行业务，控制制造设备，进行设计计算，向客户收费，驾驶飞机，帮助诊断病人的病情和指导腹腔镜手术的进行"。但亚瑟描述的案例只是暗示了数字技术和人工智能发展中的分水岭式的社会、文化和政治变革，然而，这些变化不仅是经济上的变化，而且从根本上影响着人类的生活状况和社会关系。随着具有闪电般速度的大数据传输、自参考计算、可感知环境和位置标记等复杂算法、传感器和机器人的出现，数字技术和人工智能塑造了身份和人格、社会关系、性别和性以及权力不平衡的新模式。

◎ 本书论点

机器人技术、人工智能的社会影响及其目前的发展、未来将形成的体制已成为 21 世纪社会科学的基本问题。社会科学与在工作场所和更广泛的社会领域中出现的技术自动化之间的关联早已被认识到。事实上，19 世纪和 20 世纪的许多社会科学研究都致力于描绘这些关联，特别是技术自动化和工业化（以及后工业化）之间错综复杂的联系。然而，在今天，我们不仅看到新的数字技术正在以前所未有的方式与物理、生物和数字世界融合，而且看到机器人技术和人工智能正在日益变得网络化、移动化和全球化。也就是说，我们正在目睹一种新的、不同于以往任何变革的技术变革，特别是在这种变革被视为与生物技术和纳米技术的发展相融合的情况下。这一变革的新颖之处不仅在于数字创新和变革的速度、广度和深度，而且在于它改变了我们与他人以及日常事物之间互动的本质。从这个角度来看，物联网——将人、过程、数据和事物汇集在一起的网络——向我们展现了一种技术景观，其中包括具有自我意识的设备，这些设备可以在"移动"的同时感知、分析和交换来自其他设备的数据。这些变革的后果是非同寻常的，并且需要我们重新思考现代性的本质，而这必须与社会科学中某些基本前提的重新设定同时进行。

当代生活的组织形式不同于以往的社会组织形式，不仅在于它的技术动力背景（从根本上改变了时间和空间），而且在于它与物质、交流、数字和虚拟领域的交织。以网络世界为例，2015 年全球有超过 30 亿人上网，几乎是全球人口的一半。[31] 2016 年，二十国集团经济体的互联网经济规模达到 4.2 万亿美元。[32] 假设以互联网为基础的经济体是某个国家的经济体，那么它将仅次于美国、中国、日本和印度，在整个二十国集团，这个新兴的高科技经济体已经贡献了超过 4％的国内生产总值。然而，令人震惊的还不止于此，根据对全球网络空间增长的预估，到2030年，全世界将有1250亿台互联设备在运行。然而，无论这些变化对我们的职业和个人生活的影响有多么深远，这只是席卷全球的"技术海啸"的冰山一角，因为当人们正在以前所未有的规模连接互联网时，也有惊人数量的机器在连接互联网。高科技电动汽车、电视、电脑、冰箱，我们日常生活中使用的电器和设备越来越具有与其他机器进行自动交流的能力。虽然智能家居设备吸引了媒体的广泛关注，但其实在工业和公共服务领域——包括零售、服务、智能建筑和智能电网应用——互联设备也将大量增长。当代生活越来越多地由社会网络和数字网络的互动构成，这一互动通过设备和软件系统（通过互联网操作）产生、接收和分析数据。据一些政府估计，到2020年，全球可能会有500亿台机器连接到互联网，[33] 而另一些评论家甚至认为这个数字会超过2000亿。显然，真正的革命是物联网的爆炸式发展，物联网正迅速崛起为万物互联网。

我不打算把这本书写成又一本介绍数字技术、机器人技术和人工智能的书，这类书籍已经海量存在了。相反，我的目标是描绘这些社会技术变革的轮廓，并探索这些变革对我们今天所生活的世界产生的影响。总的来说，我试图把数字技术研究放在一个更原始的背景下，一个基于社会理论的背景下。这是一部涉及理论的社会学著作，采用了恰当的分析方式，在寻求将数字技术、机器人技术和人工智能融入社会理论的过程中，我的目标是挑战当前主流的社会科学对这一主题的回避和忽视，尤其是在经济学、政治科学和社会政策方面，因为这些学科的研究严重忽视了伴随着数字技术变革而产生的某些社会变化，例如有关社会关系、身份和个人生活、移动性和暴力等方面的变化。我试图在这本书中找出数字技术的核心结构特征，特别是在机器人技术和人工智能方面，它们以复杂的方式与社会、文化和政治中的一些其他转变交织在一起。

第一章概述了数字变革的广义范围，以及它通过大数据、超级计算机、机器人技术和人工智能的影响渗透到日常生活中的情况。我将强调数字技术网络的逐步扩展，并试图展示机器人技术和人工智能是如何成为日益全球化的社会关系和社会机构的普遍特征的，这将成为贯穿本书的一个主题。我试图找出数字变革的核心结构特征，以及这些特征与自我和社会互动的转变的相互作用。我还向读者介绍了构成本书主要关注点的一些概念：数字技术的兴起、社会互动的数字化变革、自我形成过程的重构，以及公共和私人生活边界的重新界定。

鉴于本书第一章阐述了相关理论规范，第二章将分析重点转移到探讨工作场所的技术自动化。在这一章，我对与技术自动化和数字技术的兴起有关的，影响工作、就业和失业的主要转变进行了描述。我审视了与资本主义和技术自动化的传播紧密地交织在一起的现代社会的全球化趋势，重点关注了卡尔·马克思关于技术自动化为资本主义的发展及其不断变化、扩张和自我改造而服务的经典论述。这之后，本章转而介绍有关当今世界如何被自动化技术重塑以及技术创新对就业和失业的影响的辩论，在这方面，机器人技术和人工智能催生的新的自动化技术的影响显得尤为重要。我批判性地回顾了最近的研究成果，其中包括埃里克·布林约尔松（Erik Brynjolfsson）和安德鲁·麦卡菲（Andrew McAfee）、马丁·福特（Martin Ford）、杰瑞米·瑞夫金（Jeremy Rifkin）和尼古拉斯·卡尔（Nicholas Carr）等人的研究。[34] 在充满高级人工智能和高度数字化的世界，数字素养对于人们参与经济和社会生活变得越来越重要。

数字技术的发展，尤其是机器人技术和人工智能的兴起，并不是（如我先前所强调的）一种外部现象，好像技术只是按照预定的属性运行并对机构、组织和网络产生相应的影响；相反，技术总是会受到社会关系的影响，而这些社会关系与我们日常的做事方式和生活方式密不可分。如果数字技术改变了机构，它们也会深入个人身份领域，数字化不仅在我们身边发生，也在我们的内心发生。在这个自我养成的时代，自己动手建立和重建身份是非常普遍的，这意味着数字技术、机器人技术和人工智能将成为自我养成的原材料。第三章主要探索数字技术的发展影响自我实现和个人日常生活的一些途径。在这一章，我重点关注雪莉·特克尔（Sherry Turkle）最近的研究，特别是她有关新技术产生了一种强制的孤独的论述，由此引入我的另一个观点，我和特克尔一样，认为新技术既给我们带来了新的机会，也带来了新的负担。从 iPhone 到 Fitbit 智能手环，从人工智能驱动的预测分析到智能虚拟私人助理，自我的产生越来越多地与数字技术交织在一起。正如我详细论述的那样，数字技术和人工智能正在改变自我的形成以及自我体验的真正含义。

本书的中心论点是，机器人技术和人工智能不仅影响工作、就业和失业，而且会广泛影响社会关系，只有对"数字技术使人与人之间的关系从本质上保持不变"这一概念进行质疑，我们才能充分掌握机器人技术和人工智能产生的社会影响。我试图在本书中证明，数字技术、机器人技术和人工智能的使用必然会发展出社会互动的新形式、社会关系的新类型，以及体验和表现自我身份的新方式。在高级自动化、机器人技术和人工智能的环境下，数字媒介材料对社会关系和个人亲密行为的影响变得更加明显，社交媒体、云计算和数字通信在这方面发挥着核心作用，但智能产品、服务和设备，3D打印，智能生态系统，虚拟现实、增强现实技术和超级计算机算法也发挥着作用。当代社会的这种信息覆盖使社会生活从根本上脱离了面对面互动（面对面互动造就了传统社会组织的特征），产生了新形式的数字媒介互动，这种互动改变了我们对时间和空间的认识。随着数字技术的发展，特别是人工智能的发展，自我组织和社会互动之间的新的交织形式，甚至包括全球电子经济，变得越来越普遍。

在第四章中，我探讨了与数字技术越来越多地联系在一起的社会互动的特征，以及在社会关系和更广泛的社会中发生的相关技术变革的特征。从短信到社交媒体，从互联网应用到聊天机器人，个人越来越多地通过触摸屏、虚拟景观、定位标签和增强现实的信息来对日常生活和社会互动进行导航，而这样的导航通常会将个人与他人的面对面互动转变为以数字平台为媒介的在线互动。但正如我试图说明的，将我们的线上世界和线下世界分离是错误的，相反，我们必须看到，当人们在商务会议、火车上或与朋友的定期交流中忙着发短信、发电子邮件或发布状态更新时，他们通过数字平台的交流互动直接影响和重组了现有的社交环境。为了更好地把握技术和社会互动中的这些转变，我在本章中引用了欧文·戈夫曼（Erving Goffman）的社会学见解。通过研究戈夫曼著名的"行动框架"概念，我分析了数字技术、机器人技术和人工智能是如何影响社会互动的。数字技术催

15

生的互动框架带来了空间和时间上的重大变革，使个人日益摆脱传统社会习俗和身体活动的限制，这为数字化的社会互动创造了新的可能性，但也给人们的职业和个人生活带来了巨大的负担。

机器人技术和人工智能与以前的自动化技术大不相同，部分原因是最近的技术预示着机器人具有自我学习能力、行动自主性和深度学习能力，也就是说，机器人技术具有数据驱动计算的特点，而不是指令驱动计算。随着数据量和处理能力的指数级增长以及复杂算法的发展，机器智能领域出现了这一巨大飞跃，从而使机器具备了自我组织、感知、产生洞察力和解决问题的新能力。云计算、机机互动和物联网同时以令人难以置信的速度发展，为我们个人以及企业和机构如何适应移动性日益加强的生活提供了解决方案。

这些相互融合的数字技术正在改变经济、社会和文化生活的许多方面，这些方面在某种意义上是移动的或"正在移动"的。传统的自动化机器是固定在某处并根据程序做一些特定的重复性工作，而新的技术是移动的、有意识的，并能适应环境以及与之沟通的。在一个高度数字化的世界中，交流越来越多地由自动机器通过将数据和可分析信息转换成自然语言来完成，因此，机器生成数据的不断发展尤为重要。数字技术与交通运输和旅游业的融合在数字技术移动化方面发挥着更广泛的基础性作用。在第五章中，我将讨论数字技术如何逐渐推广开来，在世界各地快速建立和重建通信、连接和网络。从优步到自动驾驶汽车，从物流领域的协作机器人到运输机器人，"移动机器人"已经变成许多行业和政策议程关注的中心。

在本书的最后一章，我展望了未来，主要关注人工智能、机器人技术和机器学习在未来社会的发展。我概述了新数字技术如何改变亲密关系和自我实现的一些主要参数，医疗保健和人工智能如何成为重新设计医学的框架，以及数字变革之后民主政治如何转变。从高级人工智能的角度对社会未来进行思考需要我们有新的思路，并迫使我们面对人工智能的全球化趋势如何改变社会生活和我们个人生活的问题。

第一章
数字世界

　　知名记者佐伊·弗拉德（Zoe Flood）最近在《卫报》撰文，总结了无人驾驶飞行器（UAVs）的最新进展："有些是杀人机器，另一些则是业余爱好者对于无人机的激情，因此，无人机并不总是在我们的天空中受到欢迎。"[1] 批评家可能会说，无人机就像佐伊说的那样，而且有过之而无不及，因为越来越多的人都被那些布置在零售和服务部门的无人机所控制。[2] 在这方面，可以找出各种矛盾和含糊不清之处，比如，抗议无人机军事化的人可能也希望通过亚马逊订购书籍，而亚马逊计划未来用无人机派送书籍。无人机不仅仅会用在令人生厌的地方，而且还助长了将人体物化为目标的过程——在服务交付中进行识别，在监视中进行远程监控，以及在战争中摧毁目标。公众也越来越关注在世界各地机场的商用飞机附近飞行的无人机。2017年，一架加拿大包机准备降落在魁北克市让-莱萨奇国际机场时就被一架无人机击中。[3]

　　必须将无人机的社会影响放在更广的机制背景下来理解，例如，无人机有可能彻底解决获取医疗服务和救命药物困难的问题，其规模是以前无法实现的。[4] 这是一个具有全球性意义的社会技术的重大发展，也将彻底改变不发达国家的医疗状况。让我们看看下面的例子：在卢旺达，遇上雨季，城镇和村庄之间的交通通行危险重重，而现在人们可以用无人机来运送血液、疫苗和其他紧急物资，在全国范围内提供医疗服务。[5] 卢旺达政府与总部位于美国加利福尼亚州的机器人公司 Zipline 签署了一份合同，购买固定翼无人机，为其内陆州的农村卫生设施提供医疗必需品。2016 年，卢旺达政府还公布了由英国著名建筑师诺曼·福斯特（Norman Foster）设计的世界上第一个无人机港。[6] 预计各种机器人初创公司都将在卢旺达的无人机港全国网络上开发各种服务。值得注意的是，卢旺达无人机港并非个案，无人机在许多国家的商业领域和其他领域的应用越来越多。在南非、秘鲁、圭亚那、巴布亚新几内亚和多米尼加共和国，无人机被用于运送医疗用品和应对其他人道主义紧急情况。在刚果民主共和国，联合国部署了无人机，作为其总体维和计划的一部分。而在发达国家，无人机倡导者认为，在一些潜在商业用途方面，无人机将成为主要工具，这些商业用途包括从零售配送到医疗用品运输，从建筑施工分析到基础设施检查。

　　然而，无人机的应用也有一些其他的后果，其中许多涉及巨大的危险。用于指导军用无人机项目的机器学习算法的发展，是新技术促成暴力和战争的有力证明，例如，美国曾使用无人机袭击位于巴基斯坦和阿富汗的武装分子；然而，据报道，美国的无人机同样也错误地将无数无辜平民作为攻击目标，杀害了数千名无辜者。[7] 还有一种新的无人机已由法国和英国的军事承包商开发出来，供皇家空军使用，它具有使用人工智能选择并攻击目标的自主能力，它就是 Taranis 无人机，以凯尔特神话中的雷神命名。这一自主作战系统的投资估计超过 20 亿美元，该系统的目标是在 2030 年开发出自主无人机。根据现行国际法，军用无人机等自主作战系统需要操作员向目标开火，[8] 但是完全由机器进行军事暴力或战争仍然具有可能性，Taranis 等无人机的出现意味着未来自主的军用无人机可能成为现实。当然，完全自主的武器系统是一个极具争议的话题，对全球的政治、军事防御和人道主义问题有着巨大的影响。

　　从表面上看，基于人工智能的无人机成为不同社会经济利益者争夺的领域，而这一点或许在军用无人机方面表现得最为显著。人们对自主作战系统可能对人类未来构成的威胁非常关心，但此时我们需要认识到，人工智能在社会中的崛起是一把双刃剑。没有一种简单的方法能够提前确定一种基于自主系统和环境适应的新技术将发挥怎样的作用。新技术的应用当然有可能大幅度减少贫穷、疾病和战争，但同时，其风险也是巨大的，从信息技术军备竞赛、自主武器系统的研发和其他威胁中可以清楚地看到这一点。此外，这里的风险评估应该不仅包括直接威胁，还包括间接威胁，后一种高风险的例子是，叛乱集团可以利用通信卫星和空中无人机摄像头侵入军用无人机。

在本章，我并不会分析社会和技术体系带来的机会和风险，而是主要关注为数字生活本身提供动力和支持的复杂系统。我从复杂的争论开始，思考新技术，如智能网格、云基础设施、我们生活中大量的算法、传感器和机器人如何融入社会关系。我将把注意力集中在定义复杂数字系统的独特性上，这对于我们的工作和个人的生活都是至关重要的，也关乎整个世界的未来。然后，我将介绍一些对技术和社会之间产生的新交集进行定义的创新性尝试，这些尝试不仅包括计算形式，也包括人工智能和机器人技术的发展。我认为，数字生活的发展创造了新的行为、互动方式和社会结构，这一方面取决于数字身份的表现，另一方面取决于数字系统的复制和转换。在概述和借鉴各种当代社会和文化理论时，我认为，复杂数字系统（移动应用程序、机器人、技术自动化、智能城市、物联网）的变革发生在生活方式和数字技能深度重合的交叉点。

◎ 复杂数字系统

今天，人类的活动和文化实践是在跨越时间和空间，在强大的技术和社会系统的背景下发生的。在谈到技术和社会的系统性时，我指的是它们的有序性特征，这种有序性使具有组织性、适应性和进化性的社会实践具有一定程度的稳固性。从这个角度看，技术和社会系统在定义上是新兴的、动态的和开放的。然而，这样的系统从稳定性或不变性的意义上说，从来就不是稳固的。复杂的技术和社会系统，包括系统再生产的条件，具有不可预测性、非线性和可逆性等特点。根据复杂理论，系统、结构和网络的排序和重新排序具有高度的动态性、过程性和不可预测性；正负反馈循环的影响会使系统偏离平衡。[9] 根据复杂理论、历史社会学和社会理论，我认为从合理的理论角度上讲，技术和社会系统数字化应该基于七个方面的考虑。技术系统和数字生活之间的这些复杂的、相互交织的联系可以从社会学角度来进行分析和评判。下面，我将就此做详细分析。

第一，庞大的数字化、技术自动化和社会关系系统通过人工智能交织在一起，而所有这些都是全球数字经济重要的推动力。全球上网人数超过 30 亿人（几乎占世界人口的一半），数字交互对那些发现自己拥有有限数字资源的人的影响也越来越大。[10] 社会生产和社会生活（包括商业、休闲、消费、旅游、治理等）越来越多地与复杂数字系统交织在一起。这些系统（包括计算数据库、软件代码、Wi-Fi、蓝牙、RFID、GPS 导航和其他技术）使我们日常的网络互动成为可能，例如搜索引擎查询、在线购物、社交媒体等。这些系统促进了可预测的、相对常规的数字化途径的发展，这些途径为以智能手机为媒介的社会互动、网上银行、音乐流媒体、状态更新、发表博客和视频日志以及互联网检索和标记的相关功能提供了支持。数字系统使得重复成为可能。在当今的数字生活中，这些系统或设备包括社交媒体、闭路电视、信用卡、笔记本电脑、平板电脑、可穿戴计算机、URLs（统一资源定位器）、智能手机、电子邮件、短信、卫星、计算机算法、位置标记等。今天蓬勃发展的、复杂的、相互依存的数字系统是一种"数据流架构"，它越来越多地对全球的社会关系、生产、消费、通信、旅行和运输以及监控进行排序和重新排序。[11]

除了数字系统的迅速发展外，机器人技术的扩展在世界许多地方都有着巨大的意义。推动制造业变革（从包装、测试到微型电子产品的组装）的工业机器人是发展最快的机器人技术。从 20 世纪 60 年代初，第一批工业机器人在加拿大安大略省的一家糖果厂投入使用，到 2010 年代，机器人与工人携手工作，机器人技术不断发展，已发表的机器人技术专利的数量也在不断增加。美国工业机器人的数量从 1970 年的 200 台激增到 1981 年的 5500 台和 2001 年的 90000 台，[12] 而 2015 年，全球工业机器人的销量已经接近 25 万台，工业机器人已经成为每年全球增长约 10% 的产业。汽车和电子行业一直是主要应用机器人的行业，许多其他行业也越来越多地采用机器人技术和自动化技术。机器人技术与移动技术正在变革亚洲的工业，而亚洲机器人技术应用的龙头之一是中国。对更高生产率、大规模定制、小型化和更短产品生命周期的需求也推动了全球机器人技术的发展，特别是在日本、德国、韩国和美国。

　　第二，数字系统不仅是当代的产物，它还是由早期技术系统发展而来的产物。约翰·厄里（John Urry）写道："许多旧技术并不是简单地消失，而是通过路径依赖关系存活下来，在一个重新配置的、不可预测的集群中与'新技术'结合。一个有趣的例子是，即使在'高科技'办公室，纸的'技术'也具有持久的重要性。"[13] 因此，数字技术的开发和利用以复杂的方式与许多前数字时代的技术系统交织在一起，换句话说，我们的无线世界与一系列有线技术是相互依存的。许多有线技术（如电线、电缆和前数字时代的技术）与 Wi-Fi、蓝牙和 RFID 等数字技术相互交叉，这种交叉分别开始于 19 世纪 30 年代、40 年代和 50 年代。在这一历史时期，基于通信的目的，出现了一系列关于电能系统的令人惊叹的实验，包括电磁电报（19 世纪 30 年代在英国、德国和美国试用），华盛顿和巴尔的摩之间的第一条电报线路（1843 年由莫尔斯利用美国国会的资金修建），1851 年至 1852 年跨越英吉利海峡及英格兰与爱尔兰之间的早期海底电缆的成功铺设（随后 10 年，一条横跨大西洋的电缆成功铺设），以及电动语音电话的发明（1854 年由安东尼奥·梅库奇在纽约展示），几十年后，亚历山大·格雷厄姆·贝尔（Alexander Graham Bell）提出了将电话作为通信工具的构想。[14]

　　在这一时期之后，20 世纪，有大量的技术体系出现并发展。广播电视系统——20 世纪 20 年代出现的广播，20 世纪 40 年代出现的电视——无处不在，对与大众传播相关的社会变革产生了巨大影响。20 世纪 60 年代，世界上第一颗地球同步通信卫星的发射加速了即时通信在全球范围内的普及。这一时期，其他技术系统——从个人计算机到移动电话——也经历了早期的发展。这些系统的动态的相互关联是至关重要的，虽然大多数人在进行日常社交活动时并没有意识到它们的存在。由于这些不同的技术是相互融合、相互丰富的，个人不一定知道或有兴趣了解这种复杂系统的条件、规模或影响。

第三，虽然复杂通信网络是随着工业化的到来而出现的，但直到20世纪末21世纪初，数字通信技术和网络才在全球范围内系统地建立起来，1989年至2007年间发生的各种技术变革具有特殊意义。1989年是数字生活的关键时间点，因为在这一年，蒂姆·伯纳斯·李（Tim Berners-Lee）通过 URL、HTML 和 HTTP 技术发明了万维网（然而，直到1994年，人们才能够连接上网络）。同样在1989年，苏联政权开始走向瓦解，曼纽尔·卡斯特尔（Manuel Castells）认为，这是苏联未能发展新的信息技术造成的。[15] 此外，在这一年，通过即时通信和在线实时交易，全球金融市场日益一体化。由于 GSM（全球移动通信系统）技术的突破，诺基亚和沃达丰率先推出了移动电话。1991年，第一个 GSM 电话通过芬兰的 Radilinja 网络用一台诺基亚手机拨打成功。

从计算机驱动的20世纪90年代到社交媒体驱动的21世纪，数字技术的辉煌发展似乎更加引人注目。在这10年里，伴随着社会的数字变革，涌现出了一系列平台、应用程序和设备。2001年，iTunes 和 Wikipedia 开始运营；社交媒体也出现了新的商业化形式，例如2003年推出 LinkedIn，2004年推出的 Facebook，2005年推出的 YouTube 和 Flickr，2006年推出的 Twitter。问题的关键，似乎不是把数字技术应用到日常生活中，而是要在数字领域确保自己的社会地位。2007年，智能手机上市，随后在2010年推出了平板电脑。随着 Instagram、Spotify、Google＋和 Uber 等平台的出现，生活开始被状态更新、短信、帖子、博客、标签、GPS 导航和虚拟现实等包围，数字技术正在改变社会生活。

第四，今天，这些相互依赖的系统在世界各地通过全球网络即时传输、编码、排序和重新排序数字信息。随着数字化和技术自动化系统的发展，信息处理成为我们的密集网络环境中的普适体系结构。当社会变得前所未有的信息化时，数字化作为一种操作背景出现，所有的东西都被编码、标记、扫描和定位。数字技术的复杂自动化系统成为日常生活和现代机构的"周边环境"。这些技术系统似乎使得信息世界、数字世界和虚拟世界越来越普遍，也就是说，这些技术在现代活动系统中日益扩散，其功能无处不在。当今独立的数字信息系统，用亚当·格林菲尔德（Adam Greenfield）的话说，是"无处不在，无所不在"。[16] 从 GPS 导航到 RFID 标签，从增强现实到物联网，这些相互依赖的系统是数字环境或操作背景，通过它们，机场的门得以自动打开，信用卡交易得以进行，短信得以发送，大数据得以访问。正如格林菲尔德所说，这种日益普及的数字环境充分挖掘了"密集网络环境的所有力量，但却不断降低其可感知度，直到消失在我们每天的事务中。"[17]

格林菲尔德这里所说的"消失"实际上是提出了数字系统的隐藏性和不可见性问题。数字生活通过超级计算机、大数据和人工智能得以实现，产生了不可见的特性，使得可见、隐藏和力量之间的关系发生了改变。我认为，在 20 世纪末 21 世纪初，数字技术系统的兴起创造了一种新的不可见形式，这种形式与软件代码、计算机算法和人工智能协议的特点及其信息处理模式有关。数字技术所创造的不可见性是一种协议性的基础设施，它为日常生活中的许多连接、计算、授权、注册、标记、上传、下载和传输进行排序和重新排序。代码、算法和协议是不可见的环境，通过一系列监控、测量和记录个人数据的设备和应用程序、可穿戴技术和自我跟踪工具，我们与他人的互动以及与他人分享个人数据变得更加便利。Wi-Fi、蓝牙、RFID 和其他人工智能技术的发展创造了一种新的、基于一种独特的不可见性的社交形式，它涉及和追踪身份和身体，通过无处不在的非接触技术，重构我们的社会互动。但是，数字技术的应用范围不仅限于此，它还支持智能物品（或不可穿戴设备）和其他数字数据收集技术。通过嵌入式传感器、交互式可视化和数字仪表板，许多物品和环境已经变得"智能"起来。通过不可见的协议基础设施和由此产生的各种社会关系，这种智能化技术参与到购物中心、机场、公路收费系统、学校以及其他许多场所的运营之中。

第五，这些对数字生活进行排序和重新排序的系统变得越来越复杂，这种日益增长的复杂性推动了无处不在的算法和人工智能的兴起，并造成技术和相关社会变革的指数级增长。自 20 世纪 60 年代中期以来，"摩尔定律"一直是创新的指导准则，该定律认为每两年计算能力就会翻一番。计算能力基于芯片中晶体管的数量，如今芯片越变越小，而工程师们却能在微芯片上设置更多的晶体管，这使得计算机变得更加复杂、强大和便宜，例如，据估计，一部智能手机拥有以前只有大型计算机主机才能拥有的计算能力。最近，来自三星和英特尔等多家科技公司的报告显示，在 2021 年以后，晶体管将不可能再缩小了。[18] 科技小型化的局限性推动了一场关于"摩尔定律"是否已经到达终点的辩论。[19] 一些分析人士认为，量子计算将为计算处理能力的持续发展提供新的方向。许多人认为，从与纳米技术、生物技术和信息科学融合的角度来看，无处不在的计算和人工智能将继续推动技术复杂性、社会经济创新和社会变革的指数级增长。当然，数字技术的普遍存在，特别是人工智能和机器人技术中的复杂性，涉及多模态信息流动，而这又在很大程度上取决于技术专业化程度和复杂的专家系统。

第六，复杂系统和技术基础设施不仅仅是外部的过程或事件，而且也浓缩在社会关系和人们生活的结构中。也就是说，复杂数字系统产生了新的社会关系形式，并重塑了自我和个人身份，例如，通过建立和断开连接的交替作用，复杂的计算机系统将社会关系变得倾向于短期、零碎和偶发的状态。"屏幕上的生活"［引用雪莉·特克尔（Sherry Turkle）的话］在 21 世纪初的几十年里似乎发展得越来越快，人们使用多种设备和不同的数字平台将工作、家庭和休闲交织在一起。正如我将在第四章中说的那样，数字技术呈现出与 DIY 和个性化的生活错综复杂地交织在一起的趋势，人们忙于使用各种设备、应用程序和机器人来安排和更改他们的日常生活和数字生活。数字技术系统越来越多地将自我包裹在即时的体验中，而个人构建和重塑数字身份的工作则是通过点击"搜索""剪切""粘贴""删除"和"取消"等按键来进行的。

基于网络的数字技术在当今社会关系中扮演着重要的角色，人们可以通过"在移动中"使用的智能设备上的应用程序和机器人进行文件的下载和传输。自 2008 年以来，仅苹果应用商店就有超过 1000 亿个应用程序被下载，[20] 而 75％以上的智能手机用户都安装了社交应用程序，如 Facebook Messenger、微信和 Viber。这些社交应用程序的即时性使得它们成为人们交流的一个主要渠道，在发达国家，大部分人现在都通过这种渠道进行工作和社交。21 世纪 20 年代的到来意味着社会关系将更加依赖于网络数字技术，移动聊天机器人的崛起尤其会影响社会关系的变革。聊天机器人是计算日益向会话计算转变的表现之一，在会话计算中，语言是一种新的人机交互，人们使用它来呼叫他们的数字助理，预订酒店房间或者订购披萨。现在已经有了一个大型的提供高效智能机器人源代码的在线网络，人们可以从这个网络下载机器人程序。在第四章中，我将研究移动聊天机器人的发展是如何重塑现在并影响未来的社会关系的。

第七，由于复杂数字系统的出现而产生的技术变革涉及监控和权力的变革，这与以前发生的任何事情都截然不同。监控能力是控制社会活动的一个重要能力，特别是控制人类活动的空间和时间。由于使用数字技术来监视、追踪人类主体，现代社会的监控能力得到了提升，复杂数字系统可以说是建立了一个监视能力极强的数字观测中心，有点类似于乔治·奥威尔（George Orwell）所说的"老大哥"和"新语"。公共场所无处不在的闭路电视、数据挖掘软件、护照和身份证中的 RFID 芯片、控制交通和车速的自动化软件系统和安装在各种机构环境中的生物安全系统——各种各样技术的融合发展已经极大地扩展了数字监控的范围。越来越多的国家机构和公司对公民的活动以及个人在网络和智能手机上的交互进行数字监控。美国中央情报局前技术分析员爱德华·斯诺登（Edward Snowden）在 2013 年公开了一些文件，披露了美国国家安全局与各国政府和电信巨头合作实施的众多全球监控计划，数字监控问题由此成为世界政治的中心议题，许多评论家将其与新自由主义时代公民的组织和管理联系在一起。数字技术带来的各种"监视技术"（从闭路电视到远程机器人）的兴起，标志着全天候电子监控时代的到来以及现代国家对政治领域中目标人群监控的极度扩展。

数字监控的批评者往往深受法国历史学家米歇尔·福柯（Michel Foucault）的全景敞视主义[21]的影响。福柯将杰里米·边沁（Jeremy Bentham）的全景敞式建筑视为现代社会规训权的原型，并认为监狱、收容所、学校和工厂的设计应该要使那些处于权力地位的人能够从一个中心点观察和监控每一个人。全景敞式建筑的隐喻强调了监视意义上的注视，特别是以持续观察的形式进行的注视，例如，监狱的看守监视囚犯或者教师观察教室里的学生。规训权的这些特征通过数字监控得到了拓展和深化，比如，囚犯可以 24 小时被监控。数字监控技术的发展导致了监控的内部化和规训权的压制性扩大化，事实上，一些批评家把数字时代看作一种将全景敞视监控上升为第二力量的时代，数字监控无处不在且已形成完整体系。[22]

毫无疑问，数字监控改变了当代社会的权力关系，下一轮技术创新可能带来更为剧烈的变革，但我认为，将数字监控视为一种将福柯所描述的规训权最大化的技术是错误的。不可否认，一些数字监控系统直接由权力部门进行控制，这种情况和福柯所讨论的许多直接监控的例子相似，但这并不是在数字生活中出现的监控的唯一形式。今天，监控通常是间接的，并且是基于信息的收集、排序和控制。社交媒体平台等数字互动形式的特点是，不存在一个观察个人的中心位置，而是数字互动分散在一系列网站上，并通过各种网络系统进行操作。这表明，日常使用的数字技术并不那么具有威胁性或恐吓性。许多人现在都会佩戴 Fitbit 公司的手环和耐克公司的 Fuelband 等自动追踪设备。人们设计这些设备的目的是监测身体的状态，并提供诸如心率、脉搏、消耗的卡路里和体温等健康数据。远程医疗的新发展使得对老年人和弱势人群的全天候监测成为可能；数字监测系统使得进行自我护理的患者得到了医生和可以访问、监测患者健康数据的其他医疗专业人员的支持。近年来，医学和外科领域的远程机器人技术取得了巨大进展，农村和偏远地区的患者也能够获得显微外科、骨科手术和微创手术方面的专家指导，而这在以前是不可能实现的。在这种技术背景下，发生在权力关系上的许多社会变化不能被理解为仅仅是规训性的，或者是压制性的，这些变化还促成了自我护理的新方式、自我和身份认同的新形式以及社会自反性的延伸。

数字监控也许更应该被描述为分布式监控——从自我追踪到自动激活信息收集的相互关联的数字活动的"海洋"。通过众多平台和网络进行的分布式信息监控的核心是"逆向监视"，它指的是人们通过数字技术远程地相互监视。[23] 在生活日渐数字化的过程中，人们成了智能环境的一部分，而这些数字化系统导致了越来越多的行为方式。人们通常认为，监控是自上而下的，国家机构通过部署数字监控技术，定期收集专业的和个人的信息。然而，现在越来越多的间接形式的监控是"自下"进行的，例如，当人们使用数字技术点击"喜欢""收藏"和"转发"的时候，人们就在诸如 Facebook、YouTube、Twitter、Instagram 这样的社交媒体平台上"互相监视"，这种监视使得人们陷入更广泛的监控之中，这些监控能即时进行自我调节和自我动员。[24]

　　跨平台的信息监控的另一个属性是远程监控，数据是流动的、分散的、可传输的，并且通常可与第三方共享。随着数据挖掘迅速成为平台经济的 DNA，无处不在的人工智能的一个不经意的、意外的副作用是：记录、测量和评估公民个人信息的复杂系统已经成为政治选举和投票的工具。英国政治咨询公司剑桥分析公司（Cambridge Analytica）在 2018 年曝出的丑闻就是一个信号。该公司从 Facebook 上收集了数百万份数据，对 2016 年美国总统选举中的选民行为进行了干预。[25]剑桥分析公司挖掘的数据是由剑桥大学心理学家亚历山德·科根（Aleksandr Kogan）获得的；Facebook 公司授权科根可以以学术研究为目的通过他开发的应用程序（*thisismydigitallife*），从 Facebook 的线上用户档案中提取数据。这个应用程序实际上是一个针对 Facebook 用户的性格测试，但在进行测试之前，用户需要同意该程序访问他们的 Facebook 主页和好友资料。超过 27 万 Facebook 用户参与了这次测试，最终科根获得了超过 8700 万份用户个人资料，其中 3000 万份包含了足够的信息，可以与其他数据匹配。剑桥分析公司投资了大约 700万美元来获得科根的数据。该公司的数据科学家克里斯托弗·怀利（Christopher Wylie）是这起丑闻的重要揭发者，他说，这些数据被用来构建个人选民详尽的心理侧写。许多评论家认为，正是这些数据使得特朗普竞选团队在全民投票落后 300 万张选票的情况下，却在选举人团投票中获胜。[26]

　　对于个人行为（包括消费者选择、政治派别、个人偏好）进行"行为微观靶向"来推动或引导选举结果，这是人工智能时代监控的一部分黑暗面。一些评论家认为，确实出现了一个无处不在的大规模监控系统，这是现代政府和企业运作的核心。通过社交网络（Facebook、Snapchat、Instagram）、移动支付（PayPal、Apple Pay、Google Wallet）和互联网搜索引擎（Google、Yahoo、Bing），数字技术对人们的公共和私人生活进行监控。商业公司使用监控技术来追踪网站位置、记录消费者消费模式、存储电子邮件、操纵社交网络活动以及通过智能算法得到社交模式数据。泽伊内普·图费克奇（Zeynep Tufekci）写道，"Facebook 是一个巨大的'监控机器'"。从数据代理行业到个性化广告，监控业务涉及海量数字数据的挖掘，公民的个人信息通常在本人不知情的情况下被买卖。企业对公民私生活和公共生活的监控不受制约地发展，这对人类的自由和隐私构成了巨大威胁。

在数字时代，监控不仅是一个深刻的结构性问题，它还被世界各国政府直接用来操纵和控制公民。布鲁斯·施奈尔（Bruce Schneier）在《数据与歌利亚》一书中认为，政府窥视我们个人生活的能力比以往任何时期都要强大："世界各国政府都在监控其公民，并在国内外侵入公民的电脑。他们想通过监视每一个人来发现恐怖分子和罪犯以及政治活动家、持不同政见者、环境活动家、消费者权益倡导者和自由思想者（取决于什么样的政府）。"[27] 这些监视过程的核心是国家安全部门如何部署规模、范围和深度都非常大的数据收集程序，例如，美国"棱镜计划"从 Google、Facebook、Verizon、Yahoo 等主要互联网公司挖掘数据，追踪在外国的美国公民的信息。同样，英国政府通信总部（GCHQ）从进入欧洲的所有互联网和社交网络中提取数据，以预测和阻止网络攻击、政府黑客和恐怖主义阴谋。路易丝·阿莫尔（Louise Amoore）所说的"数字化解剖"，就是将一个人的数据线索分解成不同程度的安全风险，这对新的监控技术至关重要。[28] 这种数据解剖不仅发生在国家内部，也发生在全球范围内。正如施奈尔（Schneier）总结的那样，如今存在着一个"所有国家串通起来监控地球上所有人的全球监控网络"。[29] 虽然数字变革给世界安全带来的好处是相当大的，但对公民进行不受限制的监控显然要付出很大的代价，其中包括对言论自由的影响、对民主的侵蚀。我将在本书的最后一章中更详细地探讨人工智能时代的民主问题。

◎ 数字生活：理论观点

在 21 世纪初，许多人认为，我们进入了一个新时代，在这个时代里，科学、生物技术和自动化数字系统影响着身份认同和社会关系结构。许多人对数字技术和科学突破的焦虑、不祥的预感，都是来自对丧失人类属性的恐惧，比如，数字技术打破了身份的形成模式和与他人互动的基本参照框架。为了描述这一变化，出现了各种各样的词汇，包括"后人类""超人类"和"泛人类"。[30] 一些作者将这些词汇使用在技术体系的变革上，主要表达对世界经济崩溃的深切忧虑，对全球毁灭性灾难的恐惧，或是对由于技术自动化的迅速发展而引发的对抗机器的战争的担心。然而，更多的作者主要关注的是数字技术带来的巨大改变，包括对什么是人类的理解以及由先进数字技术所产生的人类与非人类之间的关联的变化。

在社会科学领域，有关人工智能最早的理论之一，可以说是出自 20 世纪 60 年代休伯特·德雷弗斯（Hubert Dreyfus）、马文·明斯基（Marvin Minsky）、艾伦·纽威尔（Allen Newell）以及赫伯特·西蒙（Herbert Simon）等人工智能研究领域的一些先驱之间的交流。德雷弗斯最初对人工智能与社会组织的关系做出了悲观的批判，他受海德格尔（Heidegger）和梅洛-庞蒂（Merleau-Ponty）影响，认为人工智能无法掌握它所属的"参考体系"。[31] 德雷弗斯认为人类的智能植根于无意识的心智，而不是有意识的决定，并且相信我们的无意识架构不可能被人工智能的数学规则所掌握。另一种理论更多地源于社会学、历史学，并与人类学、艺术史、文学研究和灵长类动物学等学科相关，其中包括刘易斯·芒福德（Lewis Mumford）、雅克·埃卢（Jacques Ellul）、利奥·马克思（Leo Marx）、兰登·温纳（Langdon Winner）和托马斯·休斯（Thomas Hughes）等人的研究。[32] 之后出现的哈里·柯林斯（Harry Collins）关于人工智能和隐性知识的社会学研究，兰德尔·柯林斯（Randall Collins）关于人工智能和仪式性互动的研究，以及艾伦·沃尔夫（Alan Wolfe）关于人类能做什么和计算机不能做什么的研究也很有影响力。[33] 这些理论更侧重于探索人类行为和机器智能之间的异同。

29

对新技术和社会变革带来的挑战的标准回应来自布鲁诺·拉图尔（Bruno Latour），他使得人们开始重新审视人类和非人类之间的关系。[34] 拉图尔的研究建立在从艾尔弗雷德·诺思·怀特海（A. N. Whitehead）、威廉·詹姆斯（William James）到米歇尔·塞雷斯（Michel Serres）、伊莎贝尔·斯坦格斯（Isabelle Stengers）的哲学理论的基础之上。[35] 拉图尔认为，科技和社会是互为组成部分的，而机构则被构想为处于人类和机器之间。从这个角度来看，现代性的特点是人类和非人类之间的关系愈加紧密。看起来，拉图尔对后来被称为科学技术研究（STS）的开创性贡献似乎在于对当代人工智能和社会变革所做的批判。然而，奇怪的是，拉图尔本人几乎没有写过有关人工智能、机器学习或机器人技术方面的文章，[36] 但这一领域的大多数主要论述都来自或多或少受科学技术研究观点影响的作者，甚至有一些人深受拉图尔的影响。这方面的社会学论述包括露西·萨奇曼（Lucy Suchman）有关人机交互的论述，保罗·杜里斯（Paul Dourish）和吉纳维夫·贝尔（Genevieve Bell）关于普适计算的论述，朱迪·瓦克曼（Judy Wacjman）关于社会加速和新数字技术的论述，以及苏珊·利·斯塔（Susan Leigh Star）关于信息基础设施的论述。[37]

科学技术研究视角下的研究强调人类主体与技术创造物之间的复杂联系，以及人类与非人类之间关系的转变。研究者常常对新技术的扩张，包括人工智能和自动化的发展，表达悲观的看法，认为数字技术、机器人技术和人工智能将用机械自动化或其他"机器意图"来取代人类，包括人类与自我、他人、自然、文化和未来相关的所有关系。科学技术研究视角的优势在于，它与当代科学的复杂性相结合，并与技术创新导致的当今文化的不确定性直接相关。针对持有这一视角的研究者的一个重要批评是，科学技术的复杂性产生的后果没有被展示出来，无法使人们理解身份、文化生产和社会性形式方面的转变。哲学家罗西·布拉伊多蒂（Rosi Braidotti）写道："科学技术研究……偏离了目标，因为它只介绍了一些经过挑选的人文价值观而没有提到对它的驳斥……科学技术研究往往会忽视他们的立场对于主体看法变化的影响。主体性被忽视，并且，随之而来的，对后人类状况的持续的政治分析也被忽视。"[38] 这一观点具有相当大的价值。

　　然而，在这本书中，我想采用一种不同的方法，不是批判科学技术研究的反认识论和反主体性立场，而是从社会学（而非哲学）角度去理解数字技术、机器人和人工智能对身份、文化和社会的影响。我认为，数字技术的发展带来的当今世界的重塑意味着我们必须仔细研究数字化的动态以及现代机构中由于先进的机器人技术、大数据、云计算和人工智能而产生的相关变化。要分析这些动态是如何改变社会的，仅仅使用"后人类"等术语是不够的，我们需要把工作和就业、社会关系、文化、身份、移动性、权力和未来重新考虑进来，并探索全球变革如何反映当代数字技术、机器人技术和人工智能之间复杂的相互依存关系。由于新技术打破了数字世界和生活之间的界限，我们正在进入一个大为不同的社会秩序。这是一个全球性的世界，在这个世界里，物理的、交流的、数字的和虚拟的交互作用产生了人类和非人类环境的新秩序和秩序的重组。但是，这些变革对身份、文化和社会的影响与分析人士在"后人类"的理论旗帜下所描述的截然不同。我认为，除了技术自动化，我们正在进入一个通过机器、机器人和人工智能的各种自动激活来引导、分类、追踪、定位人类的世界。但是，在本书的视角下，即使是自动激活，也包含了人们的反应，简而言之，有血有肉的人与数字技术的接触很重要。

31

　　在本书中，我广泛借鉴了当代的社会和文化理论，其中，有三个重要的理论观点特别有助于理解社会的数字化及其在人工智能和机器人技术方面的相关转变。第一种是社会学家的理论，他们探讨了数字技术和信息系统对全球资本主义时代的文化生产和社会创新的意义。持有这种理论视角的最具独创性和趣味性的研究者之一是英国地理学家奈杰尔·思瑞夫特（Nigel Thrift）。他创造了"认识资本主义"一词来表达自动化数字技术在全球经济中的绝对中心地位。[39] 思瑞夫特说，由于新的自动激活数字技术，"整个世界被信息叠加所标记"。这是一个充斥着，甚至是过度充斥着信息的世界，信息技术在社会生活中无处不在，而自动生成的大量信息和互动既充斥着个人的生活，又产生了持续的中介互动。随着新信息时代不断提高"通过连接突变的加速产生创新和发明的速度"，[40] 资本主义和创新行业变得空前的信息化。数字技术下的资本主义体系通过不断的反馈和迭代产生了一系列知识

（对产品、服务、选择、偏好、品味以及习惯的认识），形成了一个充满大量数字数据的环境。

这种规模的技术体系的相互依赖，在某种程度上意味着政治秩序的重新调整。思瑞夫特的推理如下：在所谓的新经济、数字技术不断发展和跨国商业不断缩小规模、大量外包和离岸外包的时代，全球经济将创新和新技术知识视为资本主义自身变革的一种实践形式。也就是说，资本主义通过数字数据和技术系统形成了对自身的认知。由于数字数据作为知识已经变得非常有利可图，资本主义前所未有地依赖技术来干预对象世界——从条形码到计算机制定会议日程，从城市软件到人口医学的大数据生物政治。然而，数字数据、平台和模板不仅渗透到机构生活中，而且重塑了社会实践。实现身份认同和日常生活的某些方式既依赖于技术，也依赖于大量数字数据的商品化。对于思瑞夫特来说，"软资本主义"的兴起，是全球经济形成有关自身的创新理论的时期，在这一时期，技术关注人类行为、公共服务、警务和监督、工作场所的生产力、环境和全球治理，以数字数据的形式产生知识。

思瑞夫特的研究的重要性在于，他将数字技术的崛起视为当代社会不可或缺的特征。新技术不仅以数字数据的形式产生知识，使得新产品和新服务能更好地捕捉消费者的欲望并构建公民信息，而且从根本上说，信息无处不在，在普适计算、增强现实、触摸屏、位置标记和虚拟化方面的信息叠加是"背景墙纸"，通过它，这个日益"图表化的世界"成为记录和跟踪变动的数据场。思瑞夫特所描绘的全球数字经济的核心就是他所说的"无限移动的世界"或"移动空间"，即永无止境的通信（电子邮件，文本、帖子、博客的状态更新）以及数据上传和下载的来回转换。

我在本书中借鉴的第二种理论来自研究先进现代化和与之相关的自我改造的一些社会学家，其中，最著名的包括安东尼·吉登斯（Anthony Giddens）、乌尔里希·贝克（Ulrich Beck）和齐格蒙特·鲍曼（Zygmunt Bauman）。[41] 吉登斯是首先用持续和系统的方式探索全球化对自我的影响以及研究后传统自我实践的出现的学者之一。他的论点是，随着全球经济进入一个更高级的阶段（他称之为"后现代性"），传统的社会生活形式开始受到审查，并暴露在通信和信息框架的变革性影响下，这在某种程度上改变了自我的实践状态。同样，贝克也认为全球化带来了从工业现代化到先进现代化（他称之为"自反性现代化"）的巨大转变，这是一个具有深刻的冲突性、模糊性和多元性的现代世界，它促使人们进入"自我对抗"的模式，在社会行动的后传统模式和框架下对生活进行选择。鲍曼的研究也采用了这种视角，但以一种截然不同的方式进行。他也强调，全球化带来了从传统世界到当代世界的广泛变革，包括观念上和行动系统上的变革，他称之为从"固态"到"液态"的现代性变革，或从"硬件"到"软件"的现代性变革。鲍曼呼吁人们注意消费文化、社交媒体和信息系统的混合体对组织生活的方式（他称之为"生活策略"）的各种影响，使得这些方式更具流动性、偶然性和脆弱性。鲍曼认为，发达国家的城市越来越有自由感，这正是因为在流动性的社会条件下，社会纽带和集体安全的政治基础发生了萎缩。

33

吉登斯、贝克和鲍曼的研究都强调了这样一个事实：全球通信、媒体和信息系统已经使当代社会发生了巨大的变革，尤其是产生了新的权力不平衡和社会不平等。但是，我不想在这里详述这些理论家关于全球化的动态性和现代化更高级阶段的结构特征的观点，我想把重点放在他们在研究中提出的具体问题上：非传统生活方式和后传统思维方式的出现对自我以及人们构建社会关系的方式有什么影响。因为我认为，这些理论家在反思了全球化时代的自我的动态性的基础上，能够更好地帮助人们理解数字生活和技术自动化文化。在这一点上，最重要的概念是吉登斯和贝克最常使用（尽管方式截然不同）的"自反性"。吉登斯和贝克认为，自反性是所有社会组织形式的基本特征，但随着经济全球化时代的到来，这种特征发生了深刻的变化，而且越来越显著。自反性对于生活在现代社会中的人们来说是不可或缺的，它涉及对有关生活轨迹和社会行动过程的信息的持续监督（和反思）。正如吉登斯所说："现代社会生活的自反性在于，人们会不断地根据相关的新信息对社会实践进行审查和改革，从而有组织地改变其特征。"[42]由于个人受消费者文化、社交媒体和通信革命的影响越来越大，传统的行为方式开始瓦解，并且越来越受到质疑。人们越来越多地需要从众多的选择中做出抉择（正如吉登斯所说的那样，除了选择，别无选择），并在设计自己和他人生活的过程中变得更加主动和开放。

自反性自我构建越来越多地侵入社会，就意味着我们进入了一个全面自反性的世界，对吉登斯来说，这包括对反思本身的持续反思。在这方面，传播媒介和新信息技术的扩张就是一个很好的例子，这也是吉登斯在自己的研究中经常引用的一个例子。信息技术和社交媒体的最新发展无疑造就了一个相互关联的世界，在这个世界里，发生在地球一端的事情几乎会立即传递到地球的另一端，而且往往会产生即时（尽管是意料之外的和无意的）的结果。这种技术自反性的结果通常是小规模的，因为人们用智能手机、平板电脑和笔记本电脑进行的只是一些日常活动，比如安排和更改会议或活动。请注意，即便是这样，我们也可以看出自反性的影响，因为通过信息技术安排和更改会议的即兴性质重塑了人们对会议的时间性质的理解。这是一个小规模（社会学家称之为"微观"行动环境）的改变如何影响大规模社会变革的一个例子。在第四章中，我将进一步讨论在当代社会中数字技术如何使得"时钟时间"转变为"协商时间"。我们也必须强调自反性对机构和组织生活的核心作用，从用于推进交通行为建模的大数据到有助于识别潜在消费者的眼动人工智能追踪，自反性专家系统对日常生活的入侵，在数字时代和技术自动化文化中至关重要。

在最近的研究中，吉登斯称数字技术使当代社会"偏离历史的边缘"。[43] 他认为，数字化的加速流动正在改变我们今天生活的节奏，使生活更具有复杂性和不可预见性，数字技术更是如此，包括超级计算机和机器人技术在内的数字技术将对未来产生重大影响。正如吉登斯所说：

> 人们可以变得比以前更加渊博，做以前做不到的事情，因为一部智能手机、个人电脑或平板电脑就能提供惊人的算法计算能力。我们现在可以以一种哪怕在几十年前都不可能想象的方式过一种即时的生活，在制度层面也是如此。这些都是深刻的结构性变化，影响着从经济到政治的各个方面。它就像工业革命，虽然影响还没有那么深刻，但发生的速度却快得多。

　　吉登斯认为，目前被称为数字变革的文化实验是高度矛盾和模棱两可的。事实上，随着数字创新席卷整个社会，其产生的后果是错综复杂的。数字技术的发展在私企和政府机构的创新方面发挥着重要作用，其中，医疗保健领域是一个很好的例子。吉登斯认为，"超级计算机和遗传科学（两者本质上都是进行信息处理）的结合促进了医学诊断和治疗的巨大进步"。但机遇的另一面是风险，在政治上和商业上利用新技术的发展谋求利益的危险性越来越大。吉登斯说，数字技术发展带来的高风险后果，"与我们在 21 世纪面临的其他基本问题叠加在了一起，包括气候变化、世界人口的持续增长、核武器研发和其他问题。历史上大多数伟大的创新都是在战争中开始和结束的，数字变革也不例外"。由于人们在数字技能上的差距不断扩大以及随之而来的收入差距扩大，世界可能会变得更加分化。而吉登斯认为，人们没有办法（提前）知道这种情形会如何发展。关键是，由于数字技术的全球化，我们已经进入了一个完全不同的世界——数字编码信息构成的世界，它带来了宝贵的机遇和巨大的风险，而投身于数字生活则意味着接受这种矛盾。

　　影响我的研究方法的第三种理论是关于重塑、创新和实验的批判性话语分析（出现在多个层面上）。[44] 这一方法是由许多当代社会学家发展起来的，他们的工作有助于我们理解新技术与当代社会之间的关系。在接下来的阐述中，我将从不同的角度回顾我最近与查尔斯·莱默特（Charles Lemert）、约翰·厄里（John Urry）、布莱恩·S. 特纳（Bryan S. Turner）、片桐正孝（Masataka Katagiri）和泽井敦（Atsushi Sawai）等人合作的最新研究。[45] 这一理论视角强调，数字技术不仅开创了一个信息覆盖、图表管理、基础设施协议化和高度自反性的世界，也导致了自我重塑的巨大改变，并提醒我们注意一个新兴的自我塑造的社会意识形态分支，即时性、多元性、可塑性和短期性的数字技术抓住了西方数字化城市中正处于创新浪潮中的人们的想象力。对自我塑造的开放态度是和如何提高、改善、重塑当代生活的各个方面的想法分不开的：这不仅适用于职业生活，也适用于亲密关系、性、饮食和身体健康。这种理论方法有助于批判性地探索一种存在于大众文化、学术圈和政治圈等许多领域的观点，即我们必须以一种反映数字世界复杂的相互依存关系的方式，以及承认技术自动化和人工智能变得日益重要的方式，重塑生活的概念。

复杂数字系统使世界各地错综复杂的社会关系得以正常进行，其中包括正反馈和负反馈循环，并且具有不可预测的特性。这些复杂数字系统支撑和维持人类行为和大型组织的自反性。除此之外，这些复杂的数字、信息和交流系统也是文化重塑和社会实验的基础。通过数字系统和技术自动化日益增强的结构化力量，传统模式在整个社会中的地位逐渐降低，创新和实验的新模式产生了许多新的结构，特别是各种数字和虚拟结构。为了更好地解释这一点，我之前介绍了"重塑社会"和"新个人主义"的概念，它们指的是社会系统各个层面上的实验主义的不同方面，这些系统在庞大的新数字产业、社交媒体、大数据、超级计算机和机器人技术以及更普遍的通信和信息技术的全球化背景下进行了排序和重新排序。我曾在其他地方分析过，职业和个人生活方式的重塑如何在推动个人主义的新模式、驱动自创传记和生活策略的发展方面产生全球性影响——包括生活指导、快速约会、强迫性消费、真人秀、治疗文化和整形外科手术等各个方面。在本书后面的内容里，我还会广泛使用这些概念来解释复杂数字系统是如何在全球经济中促进和维持文化重塑和社会实验的，其中特别关注技术自动化、机器人技术和人工智能的兴起。

全球化的影响，特别是全球电子离岸外包和外包的发展，对于重新设定人、网络、组织和大型机构并应对以重塑和实验主义为特征的后传统社会时代具有极大的重要性。革新社会源于各种复杂的数字和专家系统，这些系统能够对当代生活的自反性副作用进行监控、排序、标记、追踪，从而导致不断的自我重建和自我校正。在这一点上，最近有关重塑、创新和实验的社会理论对于数字生活和技术自动化文化的条件和后果的研究提供了很多有益的思路。让我们再以医疗保健为例。直接佩戴在身体上的各种数字设备的出现——许多设备配备了摄像头、传感器和其他数字数据生成技术——有力地改变了个人提高自反性的能力。这样的数字自我追踪实践——以及穿戴收集有关饮食、睡眠、体重等健康数据的设备——并不仅仅是为了自反性地监控个人的健康。更确切地说，这种数字化的自我追踪也被植入了重塑模式中，涉及职业发展、个人成就、企业要务和其他方面。

在借鉴这三种理论方法的基础上（有时交叉引用这些理论，有时将它们联系在一起），本书试图探索新技术（特别是人工智能、机器学习和机器人技术）与当代社会和现代文化之间的关系。我以自由和务实的方式，在对这些理论进行反思的基础上，试图让读者对这些关系有更加透彻的理解。[46] 这些理论方法的中心轮廓提供了一个框架，在这个框架内我可以开始批判性地思考人工智能文化的出现和传播。我指的是一般的社会过程，在这个过程中，日常生活和现代制度越来越受到人工智能的数字化和技术设备的影响和塑造。理解这一过程对于理解当今世界至关重要，这个世界正日益被数字通信网络、人工智能技术系统、制度化的自动化技术和先进机器人技术所覆盖。

第二章
机器人技术的兴起

一般来说，人们工作是为了赚钱维持生活，而大多数人都是通过与企业或者政府代理机构签订劳动合同来赚钱的。"工作"一词有许多同义词，它们描述了工作的不同意味，其中带有负面含义的词包括"苦工""苦差""劳役"和"贱役"，而更具有积极含义的词语包括"职业""工艺""手艺""设计""创造"和"杰作"。任何关于以上这些工作和职业的不同方面如何被技术自动化和先进的机器人技术所改变的描述都是粗陋的。想象一下，如果一个商务人员或办公室职员，或者说是专业人士，宣称"我没什么好担心的，我对工作的各个方面都了如指掌"。这样一个员工将拼尽全力去努力适应高科技创新、无休止的企业再造、终身学习、网络性团队和同时进行多重项目的新世界。我们知道，任何一个希望获得职业自信心的员工都会努力应对工作要求，表现出灵活性、适应性和可塑性，但我们还是不妨预测一下机器人技术和人工智能对社会工作的影响程度。

早在 1930 年，英国经济学家约翰·梅纳德·凯恩斯（John Maynard Keynes）就预言机器将取代工人。他在《我们孙子辈的经济可能性》这本预言性的书中创造了"技术性失业"一词，推测自动化技术的力量将使未来的工人最多只能有"每周 15 个小时的工作时间"。[1] 差不多过了一个世纪，凯恩斯的预言还没有最终实现，但是，对于可能的技术性失业的文化焦虑已上升到第二阶段。机器人会毁了我们的工作吗？这已经成为我们这个时代的关键问题之一。先进的机器人技术和人工智能的领域不仅严重影响了经济，而且在工作方式、就业和失业方面引发了一场"技术海啸"。如果你在建筑行业工作，是时候重新考虑了。一家总部位于纽约的建筑机器人公司于 2017 年发布了一款泥瓦匠机器人，它能以前所未有的速度铺设砖块。半自动泥瓦匠机器人 SAM 每天能砌 3000 块砖，轻松超过建筑工人平均每天砌 500 块砖的速度。如果你从事的是盘点货架的工作，是时候重新考虑了。总部位于旧金山的森比机器人技术公司（Simbe Robotics）制造了一种名为 Tally 的理货机器人，它在商店的过道和仓库中巡视，以确保货物的储存、更换和准确定价。Tally 可以连续工作 12 小时，可处理多达 20000 个库存项目的自动盘点，准确率超过 95%。如果你在私人保安部门工作，是时候重新考虑了。总部位于帕洛阿托的柯伯特机器人技术公司（Cobalt Robotics）发布了一款提供 24 小时不间断监控的移动保安机器人，这款机器人配备了 60 个传感器，包括超声波、深度传感器和摄像头，以及 360 度昼夜摄像头，用来检测周围的人和物品。

本章探讨了这个自动化工作的世界是如何嵌入全球经济的，及其带来的主要的社会、经济和政治后果。机器人技术影响着发达国家的就业，如医疗、零售、教育、建筑和许多其他就业领域；此外，它不仅影响工作和就业，而且影响经济生产力、新商业模式、劳动力再培训以及整个社会生活方式。所有这些变革目前都在逐步进行中，有些变革在不同领域的发展是不平衡的，还有许多变革是具有高度实验性的。这个创新技术自动化的世界以及它如何重塑工作和日常生活正是本章所要探讨的。在本章的下一部分内容中，我将简要地将技术自动化置于更广泛的社会和历史背景中。

◎ 技术及自动化

自动化对现代性的出现和发展都是至关重要的。卡尔·马克思

（Karl Marx）[2] 曾经剖析了把工人重新塑造成"死劳动力"的工厂机器的自动化元素。对马克思来说，自动化是随着现代社会的出现而产生的复杂的动态系统，他在资本主义中看到了经济、社会和政治生活的无情的机械化。马克思对现代资本主义社会的描述，从某个角度讲，都是关于机器的，尤其是自动化对人类劳动的替代。与保守的封建主义不同，资本主义是不断变化、扩张和自我改造的，马克思认为，自动化发展的过程就是这种革新力量大规模地不断释放。随着自动化的不断发展，资本主义的发展带来了机器对人力的替代。"随着大工业的发展"，马克思写道，"真正财富的创造不再依赖于劳动时间和劳动量，而是取决于劳动时间内启动的机器的力量。"[3] 他说，自动化革命使所有坚固的、稳定的或已建立起来的东西化为乌有。毋庸讳言，在这种技术革命的环境下，作为个体的人变成了工厂里机器的"活生生的附属品"，因此，马克思认为自动化技术对个人和社会来说是前所未有的挑战。马克思写道，"劳动似乎不再那么多地发生于生产过程中；相反，人类开始更多地作为看守者或监管者，与生产过程本身联系在一起"。[4]

许多评论家都提到了马克思关于机器代替人力劳动的预言性描述，[5] 主要是关于马克思所剖析的现代资本主义社会的动态自我毁灭性，即自动化的进程使得整个经济越来越不需要密集型劳动力，但是，很少有评论家充分认识到马克思关于自动化过程的研究所包含的复杂性。一方面，马克思对社会的自动化所造成的人类生命的浪费——血肉工厂工人——深感绝望。马克思对工业、制造业的批判都是关于浪费生命的人类悲剧，在这场悲剧中，绝大多数人都注定要过着单调、重复、枯燥的劳动生活。另一方面，同时也是他的著作的一个重要主题，马克思在自动化技术中发现了释放人类创造力的可能性，并将新技能变成不同形式的活动和社会形态，这是一种令人振奋的释放人类能力的方式。自动化对马克思来说是"缩短人类劳动时间和实现人类劳动成果的神奇力量"。自动化的破坏性和解放性同时发生，自动化技术对马克思来说既是解放也是约束，既是有益的也是具有破坏性的。用受马克思主义启发的文化批评家瓦尔特·本雅明（Walter Benjamin）的话来说，自动化既昭示文明的进程，也是野蛮的记录。

◎ 第四次工业革命：怀疑论者及其批评者

自从马克思判定自动化过程会对社会和经济产生影响以来，许多学术和政策性著作都聚焦于现代世界是如何被自动化技术改造的，以及技术创新对就业和失业的影响。[6] 这些研究对象大多集中于工业国家的技术场景及其对就业和失业的影响。这种基于场景的思考主要关注未来的可能性，因此，许多质疑机器人技术和人工智能的创新正在从根本上侵蚀就业和工作的说法，也就不那么令人惊讶了。事实上，关于机器人技术、就业和失业的争论有大量的文献可查。那些认为当代机器人技术带来深刻的社会变革的人，我将他们称为变革主义者；而那些认为这一论断被过分夸大，从而阻断了重塑当今就业和经济的重要力量的人，我称之为怀疑论者。这两者之间已经形成了泾渭分明的观点，变革主义者认为机器人技术革命创造了一个全面变革的世界，而怀疑论者基本上认为全球经济一切照旧。

怀疑论者坚持"没有重大变化"的说法。机器人技术可能正在工业和企业中大行其道，但它并不是革命性的。毫无疑问，超级计算机、智能机器、机器人和算法的到来正在影响着人们的工作和工作方式。事实上，许多关于机器人技术革命的激动人心的言论因其过分夸大而显得差强人意，但许多持怀疑态度的作者也承认，机器人将代替人类从事许多例行的、重复性的工作，一些怀疑论者甚至认识到，由于智能机器的兴起，某些类型的工人正遭到当头一棒。然而，关于职场革命的论断遭到怀疑论者的强烈反对，他们质问机器人技术的"变革"究竟是什么。他们认为，当前的世界经济不是由全球机器人技术推动的变革型经济，世界经济的结构仍然是由技术进步和劳动力的适应构成的。这种怀疑主义观点的核心概念是，工作方面的变革涉及工人和机器、人和技术这两种力量，工人会适应新出现的技术创新模式。这种观点将当代机器人置于广泛而长期的历史变化模式中，正如现代化，特别是农业机械化没有摧毁经济一样，机器人技术也不会摧毁经济。对于许多怀疑论者来说，历史表明技术创新创造的就业机会多于它摧毁的就业机会。[7] 对于其他怀疑论者来说，他们隐晦地承认技术进步为就业带来风险，但这种风险主要局限于常规的、非技术性的工作。无论如何，不断进步的信息技术正在创造新的就业机会，因为失去了工作岗位的工人正在寻求新的机会来获得新技能。这种观点将技术创新和经济生产力紧密地联系在一起，从而突出了就业的价值。简言之，技术驱动的生产力的提高带来了更多的工作和更高的工资，怀疑论者如是说。[8]

技术和就业是两码事。技术的发展可能意味着工作岗位的消失，尤其是低收入、低技能的工作岗位，但也有人说，我们低估了数字技术创造的新就业机会的广度和深度。这是杰夫·科尔文（Geoff Colvin）提出的观点，他将其颇具影响力的有关技术如何重塑就业的著作命名为《人类被低估了：成功人士明白而聪明的机器永远不明白的事》。[9]科尔文提出了一种相当复杂的怀疑论形式，例如，他承认技术进步有史以来第一次以比创造新工作更快的速度消除就业机会，也就是说，他承认人工智能和机器人技术会减少而不是增加就业。然而，他警告，在当前由数字技术引发的超出想象的创新背景下，人们可能会构建一种就业末日的危险前景。科尔文观点的核心前提是，新技术重新评估了人类的技能。他认为，随着技术的发展，人们在人际交往方面的技能将变得越来越有价值。他写道：

> 最有价值的技能不再是过去 300 年来经济发展要求工人们掌握的技术性的、课堂里学到的、左脑的技能。虽然这些技能仍然至关重要，但重要并不等同于有价值。新的高价值技能反而是我们最深层的本性的一部分，这些能力是我们之所以成为人类的能力：感知他人的想法和感受，富有成效的团队协作，建立人际关系，共同解决问题，用比逻辑更强大的力量表达自己。与过去的经济最看重的技能相比，这些技能在本质上是不同的。与过去的经济所重视的一些革命不同，这次革命不仅让我们的物质生活更加富裕，而且让我们的情感也更加丰富和满足。[10]

简言之，科尔文认为，创新技能和情商是智能机器时代的关键。[11]
其他怀疑论者采取了一些不同的方法，试图用系统的实证检验来

43

评估机器人技术对经济的影响，例如，乔治·格雷茨（Georg Graetz）和盖伊·迈克尔斯（Guy Michaels）质疑机器人将取代现有的大部分工作岗位的夸张论断，进行了一项关于机器人技术对就业和生产率产生的经济影响的实证研究。[12] 格雷茨和迈克尔斯回顾了 1993 年至 2007 年间 17 个国家的工业机器人对一系列行业的经济影响的数据。通过对来自国际机器人联合会和其他来源的数据的分析，他们发现，机器人在许多行业中应用的增加是由于机器人成本的迅速下降。他们认为，机器人数量的迅速增加在化工、运输和金属行业中尤为明显，在德国、意大利和丹麦尤为突出。然而，关于机器人技术是否会对就业产生负面影响，格雷茨和迈克尔斯得出结论，数据显示"机器人致密化"对员工的总工时没有显著影响。对于不同的技能组，他们发现，一些证据表明机器人减少了低技能和中等技能员工的工作时间，但高技能员工的工作时间没有发生变化。格雷茨和迈克尔斯更进一步指出："与信息和通信技术（ICT）不同，机器人不会使劳动力市场出现两极分化，因为它们对受教育程度最低的人的负面影响和对中等技能者的负面影响是不相上下的。"[13]

对机器人技术与国家经济或社会生产力提高之间的联系日益密切的说法，格雷茨和迈克尔斯表示怀疑，并认为机器人的密集使用对劳动分配比例没有显著影响。他们反对机器人崛起的论断，认为机器人技术对未来经济增长的影响是巨大的，但不是革命性的。与机器人技术相比，信息和通信技术更有可能革新经济和生产率，"信息和通信技术资本服务的总价值至少是机器人服务的五倍"。

这些发现具有重要性和启示性。机器人技术带来的就业变化并不均衡，也不像一些分析家所认为的那样统一。[14] 虽然格雷茨和迈克尔斯分析的数据现在已经过时，但其结论无疑是正确的。自 2007 年以来，机器人自动化变得更加普遍化和激进化，格雷茨和迈克尔斯在研究中提到，软件机器人、社会辅助机器人和一系列新的数字技术已经补充甚至取代了前几代工业机器人。近几十年来，机器人在多个工业行业中得到了广泛的应用，特别是在制造业和自动化行业，而这一过程现在已经开始在其他行业迅速展开，从物流和分析到服装行业，再到超市的自动化货架盘点。有一个关键点是被格雷茨和迈克尔斯忽略了的，那就是，先进机器人技术有着巨大的发展潜力，智能机器正在越来越多地执行曾经被认为是人类独有领域的任务，例如，不同情景下日常语言的使用。在这样的背景下，一个关键问题是，当人工智能和机器人技术不仅可以承担普通的日常工作，而且可以承担专业人员和专家的工作时，会发生什么？我们将在本章的稍后部分谈到这一点。

很明显，经济、社会和文化生活领域的重要发展都离不开技术自动化、机器人技术和人工智能。这些技术变革不仅仅影响经济，而且正在迅速改变社会、文化和政治生活。变革主义者的观点截然不同，他们关注的焦点是在技术自动化不断发展的情况下就业市场的波动性。这种波动性源于先进的机器人技术，它在不断地变革就业状况的同时，也改变了经济全球化、跨国市场以及社会、经济和政治之间错综复杂的联系。变革主义者反对怀疑论者提出的主张，即机器人技术与 21 世纪资本主义现有的社会经济结构相适应，或者可以被后者所控制。他们认为全球经济不会一切如常，机器人技术是当代机构和社会更广泛的数字变革的表现。从人工智能、无线通信、超级计算机、3D 打印、物联网以及具有信息处理器的普通物品构成的网络等方面的发展都可以明显地看出这种变革。

这种变革主义观点的一个核心的概念是社会变革，它不仅涉及工作和就业，而且涉及广泛意义上的文化和政治。对于变革主义者来说，由于数字技术和先进机器人技术的双重影响，社会生活和全球秩序的组织原则正在发生根本性的变化。简单地说，机器人技术革命不仅改变了我们的工作方式，也改变了我们的生活方式。这是一种针对传统的社会经济组织、日常生活和权力模式的数字变革。埃里克·布林约尔夫森（Erik Brynjolfsson）和安德鲁·麦卡菲（Andrew McAfee）在《第二个机器时代》一书中写道："计算机开始诊断疾病，倾听我们并且和我们交谈，创作高质量的散文，而机器人开始在仓库里巡视，在有少量指引甚至没有指引的情况下驾驶车辆。"[15] 根据变革主义者的解释，突破性技术、数字通信和先进的机器人技术创造了对不同类型工作和不同技能的需求，并产生了与过去截然不同的生活方式。在这一广泛的共识之外，变革主义者之间还存在相当多的分歧。许多变革主义者在某种程度上对数字技术的回报持肯定态度，他们认为，人工智能促进了创新，机器人技术促进了生产力发展，而数字变革则促进了经济增长。但其他学者（也是变革主义者）在长期经济预测和社会融合前景方面得出了更多负面结论，他们关心的一个主要问题是，被视为对社会、经济和政治具有变革性意义的机器人技术革命造成经济增长和社会平等之间的脱节。例如，马丁·福特（Martin Ford）认为，只有极少数的现有职业不会被人工智能影响，[16] 这反过来会对高等教育、医疗保健、消费文化以及整个工业时代和后工业时代围绕劳动力市场产生的现有收入分配制度带来颠覆性的连锁反应。我将在下面更详细地讨论变革主义者立场中的一些分歧。

这种变革主义观点的另一个核心方面是试图抓住新的全球经济的数字化和网络化动态的重大转变。人们创造了各种各样的术语来描述这种社会和历史的转变，包括"第四次工业革命""第二个机器时代""人工智能资本主义""数字资本主义"和"机器人经济"，其中一些观点主要集中在数字变革上，特别关注造成当前全球经济与先前时代截然不同的新技术的颠覆性变化；而更普遍的观点主要关注全球体系中的核心经济体如何因技术自动化和数字化的颠覆而经历巨大的工作场所变革。同样，变革主义者的观点也存在着显著的差异。一些学者对于机器人技术革命带来的，建立在新兴数字技术基础上的新工作类型持积极态度；而另一些学者则更为谨慎，认为人工智能时代掩盖了一个严峻的现实，即要求员工适应新技术，但成功的机会却微乎其微。总的来说，社会学的观点是，当代社会开始了从"硬件资本主义"到"软件资本主义"，从后现代主义到后人文主义的转变。

世界经济论坛的创始人克劳斯·施瓦布（Klaus Schwab）是杰出的变革主义者之一。施瓦布在其著作《第四次工业革命》中指出，我们正处在一个新时代的开端，在这个新时代中，先前的经济、社会和组织过程都经历了巨大的变化。[17] 施瓦布说，新的工业革命是一场以数字颠覆、人工智能、智能机器和机器人技术为中心的革命。第一次工业革命是蒸汽驱动的，第二次工业革命是电气革命，第三次工业革命是计算机时代下的信息技术革命，而施瓦布认为第四次工业革命"不同于人类以往的任何经历"，这在很大程度上归因于新技术革命发展的速度、广度和深度。施瓦布用咄咄逼人的高管的语气写道，这是一个

"指数级颠覆性变革"的时代。在阐述这些变革的过程中，施瓦布专注于分析新技术的优点和缺点。从经济和商业到城市、地区、国家和全球治理，社会各个方面都面临着机遇和挑战。人工智能将带来显著的效率提高和成本降低，但同时也会导致工作的大规模自动化；3D生物打印将解决全球器官捐献不足的问题，但也可能会导致人体器官的不规范生产。有关第四次工业革命中社会经济的发展前景，施瓦布并没有把握，但他强调了这些深刻交叉的技术会带来的机遇和风险。施瓦布说，我们如何应对技术创新是我们自己的选择。新技术革命将对经济、地区和城市发展以及地缘政治和全球秩序产生多重影响，而施瓦布面临的关键问题是，社会是否能够适应新技术并且创造一个新未来，使技术创新为人类集体服务并增强社会凝聚力。

同样显而易见的是，人工智能带来了许多新的机会（经济的和社会的），这些机会激发了创意产业工作者以及企业家和决策者的想象力，这些机会在工作层面产生了新类型的职业再培训。这一更为积极的议题被许多学者谈到过，他们关注以机器人技术和人工智能为特征的先进技术自动化。布林约尔夫森和麦卡菲的《第二个机器时代》经常被变革主义者引用。实际上，这本书的副标题"辉煌技术时代的工作、进步和繁荣"强调了作者的乐观态度。两位作者提出了这样一种说法，即技术变革的动力和速度——从机器间通信的兴起、低成本传感器的发展到自动驾驶汽车和物联网——已经到了释放巨大社会经济能力的"拐点"。他们认为，我们正处在一个崭新的工作世界，在这个世界里，经济生产力的增长已经与就业和收入脱节。

很少有就业领域能摆脱数字变革的影响。变革主义者认为，在很大程度上，硅谷的崛起不仅与整个行业的混乱紧密相关，而且与工作本身的嬗变不无关系。夹在全球化和自动化的力量之间，执行可以预测的、例行的和重复性任务的蓝领工人阶级发现他们的工作越来越多地被技术和机器人摧毁。目前的研究倾向于肯定数字技术对就业的破坏性影响，这也威胁到中产阶级和传统职业。理查德·萨斯堪（Richard Susskind）和丹尼尔·萨斯堪（Daniel Susskind）在《职业的未来》一书中主张，新技术正在重新调整职业的秩序。[18]他们说，当代的技术创新模式使智能机器和辅助人员能够承担许多传统的任务，而这些任务过去只能由专业人员完成。例如，在处理财务问题时，近 5000 万美国人现在使用在线报税软件，而不是咨询会计师来提交报税申报表；在法律领域，最著名的法律品牌之一不是传统的律师事务所，而是一个在线的自动化服务网站（legalzoom.com）；在医疗保健领域，护士及其他护理人员在计算诊断工具的支持下，可以从事曾经是医生专属领域的工作。两位作者进而得出结论，数字技术意味着"传统职业的瓦解"。他们认为，随着全部专业知识被编码到软件中，并由各种新的辅助人员操作或全自动服务操作，复杂数字系统将越来越多地取代传统专业人员的工作。

因此，机器人技术在很大程度上似乎是"领盲的"，即不会区别对待劳动者。然而，如果技术自动化已经成为当代社会的普遍原则，那么棘手的问题仍然是人们将如何与这种部分自动化的生活进行协调。未来的工作是什么？会有什么样的工作机会？谁能拥有这些工作？在先进的信息技术、智能机器、机器人技术的背景下，变革主义者的论点是，这种创新是一种巨大的破坏性经济力量，有可能使非技术性工作和许多技能性工作过时。杰里米·里夫金（Jeremy Rifkin）对我们这个时代的技术变革如何导致"工作的终结"进行了有力的分析。[19] 里夫金认为，当以互联网技术为基础的通信革命叠加了人工智能的发展，便会推动现代经济变革。根据里夫金的观点，自动化技术正使我们无限接近一个"几乎没有工人的世界"。技术革命，尤其是机器经济，是一个非常新的现象，在全球范围内引发了新的风险。先进的自动化技术、3D 打印和机器人技术很可能导致大规模失业和全球经济萧条。智能技术的潜力在于它们与生活方式变化的融合以及增加用于休闲和社会组织的自由时间。里夫金设想，我们这个时代的技术变革是在非营利的社会组织中创造社会资本，在这种社会中，协作网络和新的知识共享应运而生。

变革主义者和怀疑论者之间关于数字变革的争论所反映的不仅仅是两类相互矛盾的观念，也不仅仅是观念截然相反的学术争论和政治观点，这场辩论除了在学术和公共论坛领域，在企业、公司和行业内部也产生了深刻影响。[20] 事实上，组织机构不仅要应对人工智能革命，还要应对技术性破坏的加速和数字化创新的加速，但同时也必须处理组织内部由于人工智能带来的新挑战而产生的权力斗争，以及首席执行官、董事和经理们是倾向于变革主义者还是怀疑论者的立场，或是某种中间路线带来的问题。人工智能革命是否只是一种转瞬即逝的时尚，一个短暂的技术炒作期，公司和组织机构将最终渡过这一时期，变得比以往任何时候都更强大和更有弹性？或者，先进人工智能和加速自动化是一个分水岭，共同威胁着原有的管理工作和组织机构生活？在这一点上，这些相互冲突的论点和分歧在公司层面上倾向于成为一种微观政治，或者亨利·明茨伯格（Henry Mintzberg）所说的"建立联盟的游戏"。[21]

在当今企业所处的特殊关头，应对影响如此深远的技术剧变，在很大程度上取决于人工智能时代的企业如何进行领导、组织和分配资源的"联盟建设"。由于没有一种"联盟建设"能够兼顾变革主义者和怀疑论者的立场，因此，态度鲜明的管理政策不太可能成功，矛盾心理注定会弥漫在公司和组织机构的领导层中。一些影响先进制造企业尤其是自动化部门的政策、程序和权力斗争的重大技术变革充分说明了这一点。例如，宝马公司的 Connected Drive 智能网络系统展示了一种将所有移动资源进行整合的愿景，旨在在自动驾驶、智能连接和家庭数字生活方面实现技术上的革命性创新。[22]宝马公司的 Connected Drive 可以被视为一种"联盟建设"游戏，它试图将公司定位为移动规划、移动和机器智能、距离以及数据的存储库。然而，很显然，这个将人工智能植入移动生活方式的使命与宝马公司"制造更好的汽车"的理想相去甚远，这就需要公司与老派传统主义者"建立联盟"。这些有关矛盾和微观政治斗争的观点使得"建立联盟的游戏"变得更加模糊化、差异化和矛盾化。

◎ 全球化和离岸外包

应该承认，将自动化技术和就业前景的争论概括为怀疑论者和变革主义者的分歧是过于简单化了。诚然，怀疑论者和变革主义者相互矛盾的观点代表了有关机器人技术和就业的研究中的基本分歧点，但这种二元论未能捕捉到特定作者具体的思想立场和观点传承的复杂性。

49

正如本书中讨论的许多技术变革一样，关于机器人技术和就业前景的辩论是由各种各样的声音构成的，并且一直被不确定性包围，这在很大程度上是因为机器人技术和人工智能正在飞速发展，而这些发展对全球经济和整个社会造成的改变将有多种可能性。自动化技术和先进的信息技术对某些行业的就业状况及失业率的上升产生了巨大的影响，这一点是不可否认的，而更为成熟的讨论集中在这些变革如何变得普遍化上，这既带来了惊人的机遇，也给经济和社会带来了巨大的风险。

然而，不仅仅是先进数字技术促进了自动化程度的提高以及随之而来的就业、失业、生活方式的转变，其他的社会和技术变革也起到了核心作用。这些变化是复杂的，在相关学术文献中已有详细的分析，在这里，我简单地指出自动化技术带来的最直接的影响普通人生活的两个挑战。

首先是全球化的影响。英国社会学家安东尼·吉登斯（Anthony Giddens）称之为全球化的"失控世界"，它涉及社会、政治和经济生活的无情的技术加速。[23] 一些分析人士认为，这种"加速"的社会生活在 20 世纪的最后 30 年开始出现。[24] 与此相关的特别重要的事件是人类在 20 世纪 60 年代在地球同步轨道上放置了第一颗通信卫星，这使得即时电子通信在全球范围内得以开展起来。在卫星和数字通信时代，全球化的传播是西方文化和先进的资本主义世界的显著标志。1990 年以后，全球化进程继续加速，有证据表明，经济、政治、治理、通信、媒体、移民、出行、旅游业、家庭生活、交友、工作和就业在民族国家内部的结构性影响越来越弱，而民族国家越来越多地受到全球化力量的影响。

在 21 世纪，全球化和信息技术创新紧密地交织在一起，互联网是一些评论家所说的"新经济"到来的关键。[25] 在这个充斥着跨国资本投资、基础设施廊道、软件协议、多用途生产、准时交付、企业不断缩减规模、算法经济高效能和拥有全球供应链的美丽新世界里，整个社会普遍发生了深刻的变化，而其中劳动力的变化尤为显著。在 21 世纪初，许多分析家认为，全球化将使世界变得更美好。新鲜的想法、崭新的商业机会、更加开放的信息以及更加深化的国家间的互动——全球一体化将预示着真正的国际化精神。既定的行事方式将会日渐消失，取而代之的是不断增长的经济创新和社会实验。然而，这种全球性的乐观情绪是短暂的。2001 年 9 月 11 日，纽约贸易中心双子塔遭遇恐怖袭击而倒塌，这显然代表了全球化的"黑暗面"，乐观主义很快就转变成了文化悲观主义。随后，2008 年全球金融危机加剧了人们对全球化复杂性认识的转变，在这场危机中，股市暴跌，公司宣布大规模裁员，整体经济信心崩溃。[26] 自那时以来，一些分析家所说的"去全球化"的现象急剧深化。[27] 人们可以从一系列政策逆转和选举冲击中看出这个孤立主义新时代的到来——从英国脱欧到欧洲各国民族主义情绪的复苏，再到唐纳德·特朗普（Donald Trump）当选美国总统。

全球化的影响摈弃了第二个新的社会挑战——离岸外包的做法。[28] 工作、服务、数据管理、监视和环境义务的各种离岸外包模式在 21 世纪初遍布全球，在这种模式中，公司通常以电子方式将工作转移到低工资国家。离岸外包的发展源自 20 世纪 80 年代在西方迅速兴起的制造业外包，这种将工业制造业外包到全球各地的劳动力廉价地区的做法，最终发展成为几十年后的服务密集型工作的离岸外包，即所谓的"全球电子离岸外包"。例如，在印度，呼叫中心的工作人员和信息技术专业人员直接与英美世界的白领进行竞争。IBM、埃森哲（Accenture）、思科（Cisco）、英特尔（Intel）和微软（Microsoft）等公司将许多 IT 流程外包，成本显著降低。技术的进步意味着越来越多的技术、信息和行政服务可以外包给劳动力成本低廉的国家，包括菲律宾、墨西哥、南非、中南美洲和东欧国家。

当离岸外包与全球化结合起来时，其后果之一是对工作和就业的安全保障造成了前所未有的风险。2009 年，普林斯顿大学经济学家艾伦·布林德（Alan Blinder）曾预测，美国有 25％ 的工作岗位面临被外包给低工资国家的风险。哪些类型的工作风险最大呢？不仅仅是非技能型或半技能型工人受到离岸外包做法的威胁，随着 21 世纪初期离岸外包的展开，在金融、法律、医疗和高技术部门工作的高技能和高学历的人员也面临来自海外劳动力的日益激烈的竞争，放射科医生、律师、计算机程序员和信息技术专家都感受到了印度和中国等国离岸劳动力竞争就业的巨大影响。在经济学家中，普林斯顿大学学者吉恩·格罗斯曼（Gene Grossman）就离岸外包对美国经济可能造成的后果做出了令人震惊的预测，他估计，有 3000 万至 4000 万个服务行业将受到威胁。[29] 越来越清楚的是，离岸外包的社会影响非常深远，事实上，当它直接与先进的机器自动化发展相联系时，离岸外包的影响只会进一步加剧（我们将看到这一点）。

离岸外包这种商业模式必然会引发关于机器人技术和发达经济体越来越多地使用自动化技术的争论。许多分析人士认为，其结果是回流而不是离岸。这一争论主要始于高德纳公司（Gartner）在美国发表的题为《机器的崛起导致离岸外包竞争优势的消失》的一份报告。报告认为，自动化和智能机器技术削弱了离岸外包的竞争优势，这为制造业生产以及一些服务部门的许多经济活动的回流开辟了道路。机器人技术、人工智能、3D 打印技术和智能技术的结合给离岸外包这种商业模式带来了危机，打破了生产力和人类是同义词的观念。该报告强调，许多制造商已经将生产设施带回美国。这里的一个关键指标是，尽管 1998 年至 2009 年，美国失去了 800 万个制造业工作岗位，但之后，其中的 200 万个岗位再度恢复了。机器人技术和自动化制造是这一逆转的主要原因。实际上，通用电气公司首席执行官杰夫·伊梅尔特（Jeff Immelt）曾将离岸外包描述为"昨日的模式"。

这些论点有多少根据？情况显然要比简单的回流取代离岸复杂得多。科技创新很可能会继续开辟进入全球经济的新道路，并继续催生出不均衡的逆转或逆向趋势，如英国的脱欧、美国的特朗普主义和欧洲右翼民粹主义的兴起。最近的一些研究证实，虽然机器人技术和自动化意味着传统的离岸外包的重大变化，但几乎没有该模式即将崩溃的迹象。造成这种情况的原因是多方面的，而这些原因都是相互关联的。首先，离岸外包不是一个孤立的现象。正如经济学家弗朗西斯·卡拉穆兹（Frances Karamouzis）指出的那样，"客户从未说过某个项目要采用离岸外包的方式，这个项目 100% 在印度或巴西完成"。相反，企业战略性地决定产品和服务的"最佳交付地点"，这通常意味着生产和提供服务的是岸上、离岸或近岸地点的混合。同样，离岸外包既不是离散的，也不是统一的。数字化促进了一个混合口岸和分散供应链条的形成，而这两者原来是捆绑在同一个经济地点上的，它将整个商业过程切分成几十个甚至几百个阶段。因此，由于当今技术创新和政治的结合，经济日益区域化（生产过程被分割成各个独立的部分和专门的任务）可能进一步发展成为经济推动力。

如果离岸外包不仅指全球市场外包，还指全球技术一体化，那么，对全球离岸外包下一阶段的深刻理解就需要关注远程智能和数字技术的力量。数字技术不太可能取代离岸外包的经济进程，但它们确实能够促使跨国劳动力、产品和服务混合体的活力更上一个台阶。理查德·鲍德温（Richard Baldwin）有关新技术及其在离岸外包中的应用而带来的制造业和服务业变革的研究是这方面最好的研究之一。在《大趋同：信息技术和新全球化》一书中，鲍德温认为，计算机和数字技术的进步正在从根本上改变人们在这个薪水差异巨大的世界中的工作方式。[30] 如果说轮船和铁路的出现使货物的运输更便利，全球化的早期阶段主要涉及货物的流动，那么全球化的最新发展表现为思想、通信、网络和人员的跨境流动，特别是数字技术的发展彻底改变了人们对工作的传统认知，即员工本人需要出现在工作场所。

正是在这一点上，机器人和技术自动化参与到全球化进程之中。因为，根据鲍德温的说法，数字技术打破了空间对人类活动的限制，数字技术中的机器人技术使得越来越多的跨国工作变得经济实惠。重要的是，企业可以利用远程机器人技术，员工不必出现在工作场所。正如鲍德温所说："很快，秘鲁的工作人员将能够在曼哈顿打扫旅馆房间，而并不用真的到那儿去。"鲍德温将这种发展称为"全球化的第三次分解"，即劳动服务与工作场所分离，在全球范围内提供服务。在这方面，国际间的工资竞争是非常重要的，正如鲍德温阐述的那样：

> 例如，在英国，一个酒店清洁工每月挣 2250 美元，而在印度，做同样工作的工人每月挣 300 美元，在伦敦雇佣一名印度工人"操控"机器人每年可以为酒店节省大约 2.3 万美元。虽然现在它的成本效益不高［最先进的机器人之一，川田工业（Kawada Industry）的 HRP-4 机器人售价约为 30 万美元］，但自 1990 年以来，机器人的价格一直在下跌，而且这种趋势似乎将持续下去。一旦机器人足够便宜，许多从事服务工作的美国人将与低工资国家的劳动力直接竞争。机器人不太可能完全取代人，但它们肯定可以从事

更广泛的工作——例如本是清洁工、园丁、道路工人和工厂工人的工作。语言不再是障碍，信息技术已经在消除语言的障碍。[31]

这段论述中最重要的是指出了机器人技术和离岸外包的相互交织。与机器人时代威胁离岸外包商业模式的过时的说法相反，鲍德温认为这些发展是密切交织在一起的。随着机器人技术、远程智能和相关数字技术的出现，就业变成了可以远程管理的事务。[32]远程雇佣的到来是遥控机器人和密集数字化世界的重要组成部分。

54 ◎ 机器人技术与工作：我们的立场

根据前面的讨论，显而易见，机器人技术和人工智能、全球化和离岸外包进程相互交织。在两种意义上，这种融合与本章所讲内容特别相关。第一个问题是关于机器人的应用会使多少工作岗位消失，以及技术创新是否会在全球范围内创造新的规模化的工作岗位。第二个同样紧迫的问题涉及由机器人技术和人工智能发展而来的数字化、情感化和社交技能的变化。我将这两个由最近的技术创新所带来的困境称为"就业的未来"和"人才的未来"。在本章最后，我将简要描述机器人影响就业和人才的一些趋势。

有关机器人技术在未来经济和就业市场上的争论，在变革主义者和怀疑论者之间分成了两派，但事实上，这场争论已经被人工智能的力量和它不断加速的发展削弱了。最新的证据表明，机器人技术和人工智能正在对经济产生重大影响，如破坏低薪工作，并且随着智能算法越来越多地取代人类，机器人技术和人工智能正在逐渐取代高技能职业。有证据表明，人工智能和快速发展的数字技术构建的未来工作比许多分析家预期的将更早一步到来。世界经济论坛（World Economic Forum）2017 年的一份报告预测，到 2020 年，15 个发达国家将净损失 500 多万个工作岗位。[33] 根据国际劳工组织（International Labor Organization）发布的另一份预测报告，在菲律宾、泰国、越南、印度尼西亚和柬埔寨，超过 1.37 亿的工人可能在不久的将来被机器人取代。[34]

此外，随着机器人工作部署临界点的到来，先进的技术正在推动许多发达经济体走向更严重的不平等。全球数字经济正在产生更多的垄断，导致贫富差距扩大，许多工人最终会失业，而许多高技能专业人员的财富将会不断增加。[35]

与数字变革相关的经济和社会的超大规模实践是否预示着人工智能的崛起？或者它是否表明我们还没有看到革命性的变革，即机器人和其他智能机器大军即将到来？先进的机器人技术是不可逆转的系统变化吗？最新的证据显示，全球范围内有大量工作被机器人取代，这与我在本书中提出的现代历史的"断裂论"观点是一致的。[36]也就是说，人工智能、机器人技术和加速自动化的发展确实会带来大量的失业和剧烈的就业形势变化，而这些变化仅限于相对较近的时代。尽管如此，掌握社会发展的历史维度还是十分重要的，机械化和机器逐渐取代工人的过程是在历史的维度上发生的。哥伦比亚大学经济学家杰弗里·萨克斯（Jeffrey Sachs）研究了机器在减轻总体工作负荷方面令人震惊的历史影响，以及它们对财富分配产生的不良后果。根据美国人口普查数据，萨克斯指出，虽然 1900 年农业工人占美国劳动力的 36％，但到了 2015 年，他们占劳动力市场的比例不到 1％，同时，生产工人（从事采矿、建筑和制造业的工人）的数量也急剧下降，从 1900 年的 24％下降到 2015 年的 14％。对萨克斯来说，机械化和机器是世界从农村生活向城市生活转变的核心因素。萨克斯写道："机器极大地减轻了大多数美国人的辛劳，延长了我们的生命，与世界各地仍然处在自给农业阶段的数亿人艰苦而长期的辛劳和较低的寿命形成鲜明对比。"[37]萨克斯认为，劳动生产率的持续增长与工资增长之间存在明显的脱节，从而导致劳动收入在国民收入中所占比例下降，其中一个主要原因是智能机器取代了工人。萨克斯认为，受到自动化的惊人增长影响最大的是那些重复性、可预测性、只需要中低等水平专业知识的工作，具体来说，农业、采矿业、建筑业、制造业以及基本服务业（公共事业、批发与零售贸易、运输和仓储）的工作受到的打击最大。[38]

但是，自动化作为一个系统，不应该被认为会全面取代人工。怀疑论者提醒人们，机器人不能（至少到目前为止）重新编辑自己的程序或为自己的操作提供服务。怀疑论者经常强调这一点，即技术创新创造了新的高技能工作，他们认为，机器人自动化实际上为计算机程序员和其他新兴的数字技术工人创造了就业机会。但这种说法的证据似乎越来越脆弱，例如，福特就有力地表明，美国经济在创造新就业方面的效率正在逐步下降，这在很大程度上是因为颠覆性的技术变革正在把人们赶出劳动力市场。最重要的是，最近的证据表明，每一个新的进入工作场所的机器人会导致至少六个工人失业。麻省理工学院经济学家达伦·阿克莫夫（Daron Acemogh）和波士顿大学经济学家帕斯夸尔·雷斯特雷波（Pascual Restrepo）在美国国家经济研究局（National Bureau of Economic Research）发布的一份报告中指出，机器人的"生产率效应"远远超过了它的"替代效应"，这使得机器人淘汰了人工岗位。[39] 根据这一报告中的数据，平均每台工业机器人的使用会导致 6.2 个工作岗位的流失。在 1990 年至 2007 年，阿克莫夫和雷斯特雷波发现"机器人对不同通勤区的就业和工资产生了巨大的负面影响"。

那么，随着智能算法越来越多地出现在工作的前沿领域，大规模裁员和失业是未来之路吗？很多人都认为是的。超级计算机、大数据、自动化技术和先进的机器人技术已经可以执行许多不同类型的工作任务。不管关于数字扩张和教育再培训的争论有多么重要，我们必须承认，机器人已经取代了一些工作岗位。迄今为止，汽车制造业受到的影响最大，但同样有证据表明，由于技术创新及其派生技术的快速发展，其他就业领域也发生了深刻的变化。例如，传感器技术、自动运动控制和人工智能的发展制造出了主要针对消费者市场和服务部门的强大的先进机器人。

与几年前相比，今天更多的人认为自己未来将失业，机器人将使社会"非人化"。其中一个原因是，在当前的经济环境下，精密的机器很快就能胜任大量工作，而且大量数据表明，人工智能将继续以自动化技术取代人工。另一个原因是，公众舆论主要倾向于机器人会取代人的观点，而不是机器人使人提升技能，从而使得人们可以做他们本来不能做的事情。换句话说，人工智能会削弱而不是提升人本身。第三个原因，也许是最重要的，就是我所说的新个人主义的幻觉。[40] 在人工智能和数字技术普及的时代，工作变得越来越具有多变性和多面性，这对雇员的影响是，新工作需要的技能与过去不同，而许多从事常规的、可预见性工作的普通工人并不具备这些技能。因此，许多经济学家、政策智库和政治家呼吁要增加教育（特别是数字素养的培养和深化）和再培训机会。[41]

在这种新个人主义的背景下，未来的工人将具有高度的适应性和无尽的可塑性，可以毫不费力地同时满足技术和社会需求，并且能够不断跟上新的数字技术的发展步伐。对于自我塑造、再创造、自反性以及终身学习能力的所有信念，虽然毫无疑问地与工业 4.0 的生态系统和全球数字变革相一致，但也体现出一种独特的西方文化的个人主义和先进的全球化精神。这是对人类技能的一种积极描述，在这种描述中，个体用一种无情的自我塑造的新个人主义不断更新自身为适应当前工作所需要的技能。然而，对全球数百万普通工人来说，技术经常导致显著的去技术化效果，许多低技能工作的自动化并不一定需要工人提高教育水平或进行再培训，并且，最新的证据表明，持续再培训的想法过于乐观了。[42]

第三章
数字生活与自我

2012 年 10 月，一名少女走进伦敦的圣潘克拉斯火车站，她在站台上伫立等待，随后在列车驶近时纵身跳下站台。在不幸离世前，这名女孩本是一名才华横溢的芭蕾舞者，可她后来逐渐沉迷于互联网，尤其是社交媒体，脱离与家人和学校的联系，尤其痴迷于一些同龄人分享的自残后受伤图片的博客。她的去世被欧洲及其他许多国家和地区的报纸广泛报道。女孩的母亲在一次新闻发布会上指责，这个"有毒的网络世界"直接导致了她女儿的死亡。[1] 这个悲剧也许仅仅是个例吧，人们若有这样的想法也情有可原。但是，确实有一小部分年轻人在强迫性网络成瘾后神秘死亡，并且这个数字还在不断增加。根据各种媒体的头条报道，这其中的许多死亡案例都为自杀。显然，这与许多互联网分析师所说的互联网能帮助人们充实自我相差甚远。评论家们承认数字技术在社会变革中的核心地位，但同时也指出许多科技发烧友低估了正在当代人身上发生的情绪变化以及与之相关的自我病态化的程度。因此，从这个角度看，强迫性网络成瘾使许多人沦为互联网的牺牲品，这也标志着虚拟世界与现实世界之间符号边界的丧失。

与之形成对比的是欧盟委员会发布的《欧洲数字议程》（*Digital Agenda for Europe*）。[2] 欧盟委员会制定的"改善儿童互联网环境欧洲战略"中的调查数据指出，有高达 75％ 的儿童使用互联网。欧盟委员会强调，除提供工作、学习、休闲娱乐和社交机会外，网络对于培养年轻人在当前网络时代作为合格公民所需的数字技能也至关重要。欧盟与各大手机、互联网运营商以及社交网络服务商之间建立了合作关系，在此基础上，欧盟委员会的《欧洲数字议程》致力于激发具有互动性、创造性和教育性的线上内容产出，促使人们提高对于网络风险的认知并加强在欧盟学校进行在线网络安全教育。欧盟委员会着重强调了包括网络霸凌和性侵害内容在内的网络风险。但是，在这样一个全球数字内容市场年市值超过 1000 亿英镑的世界里，线上社交和网络技术的发展对于欧盟成员国是至关重要的。在此背景下，人们认为互联网及其相关数字技术能开拓一片充满新机遇的世界，让人们有更多机会发挥创造才能，参与社会生活。

经过对上述发展趋势的比较，我们又遇到了熟悉的利弊相生的问题，这也是公众对此争论不休的原因。一方面，数字技术对于自我的形成具有至关重要的意义；但另一方面，人们也认识到数字技术的应用正逐渐失控。在本章中，我将论述以下观点，即要理解自我、身份以及日常生活的构成，首先需要对数字技术进行深入剖析。数字技术涉及亲密沟通、思想分享和身份的形成等方面。数字化领域为我们提供了一个得以生活在他人世界中的平台，但是，仅就数字世界与现实世界之间的边界而言，我们仍难以充分理解数字自我的到来。数字技术和人工智能领域的创新正在改变自我形成和自我经验的真正含义。[3] 我认为，定义数字化时代中的自我，需要从当代的个人心理构成这个更大的角度来分析。

◎ 作为信息系统的自我

要理解为什么技术创新会给自我认同造成障碍似乎很容易。如果说自我认同的形成有一部分是基于个人与广阔世界的互动，那么技术可以说一直深入到了个人体验和生活的各个方面。[4] 在这种观点下，身份随着技术创新的发展而改变。技术在社会中的发展越快，个体自我在数字领域中就会得到更大程度的映射。但真正的个人身份并不与潜意识中的预设亦步亦趋，而是在不断适应当前席卷社会的大规模技术变革。如果说数字技术与我们的身份形成机制错综复杂地交织在一起，那么这其中的联系必定是非常复杂的，涉及网络身份、增强自我、虚拟主体，甚至是自动化、机械化形式的身份重建等。因此，数字技术并非一种仅涉及基建、网络或平台的外在现象。不可否认，工厂中的工业机器人、家庭中的服务机器人或是将无线数字世界中的设备做无形连接的 Wi-Fi 网络的使用日益扩大，但这些技术绝不仅仅关乎计算机系统、人工智能或无线设备，人们还通过与数字技术进行交互来体验数字技术。这种交互联系的核心要素，我称之为"数字技术中人的因素"。

从全球经济、就业和失业的角度来审视数字技术、机器人技术和人工智能带来的影响固然重要，但从自我和社会关系的角度对其进行考察也有不可忽视的意义。因此，在本章中，我将阐述与数字技术紧密相关的自我认同的问题。我的研究方法主要来源于精神分析理论，但在后文中，我会选择性地使用精神分析理论来重新定位数字技术。弗洛伊德（Freud）是精神分析的创始者，也是被压抑的潜意识概念的提出者，在其著作中，他探讨了冷漠无情而又渴望快乐的自我是如何面对社会现实，适应一个充满斗争与背叛、冲突与合作的世界，一个人人都在与挫折感做斗争的世界。这种观点认为自我无法摆脱挫折感，维持内心满足感的努力以及与他人交往的努力常常令人感到挫败。[5]弗洛伊德关注的核心问题是人们挫折感倍增的现象：挫折感一方面来源于需求和欲望，另一方面也来自和常常充满事与愿违的外部世界打交道的过程。弗洛伊德认为，能够让人类应对挫折感，或者说忍受挫折感的是思考的能力。尽管弗洛伊德指出了人类精神生活的核心存在着一种无序的、好斗的、残酷的、不懈追求快乐的潜意识，但他同时也提出，正是人类认识、思考以及交流挫折的能力能够将个体自我从充满幻想的内心世界带入与他人共享的现实世界。弗洛伊德将这种对挫折的探索称为"思想审判"。

61

精神分析就是这样将人类及其所处的世界纳入其研究范围。容忍挫败感的能力——认识、思考并交流挫折的能力——在很大程度上取决于我们与他人的关系。弗洛伊德及其后的许多心理学家认为，自我认同的形成是个体通过与他人交往，从而使自我得到宽慰的过程。只有在交流过程中通过相互建构以及塑造自我和他人，才能感觉到，更重要的是才能思考我们的挫折感。英国精神分析学家 D. W. 温尼科特（D. W. Winnicott）创造了过渡关系的概念，并最先使用"过渡性空间"或"潜在空间"的概念，以捕捉人们是如何将自己投射到他人上，从而使挫折感变得可以承受。[6] 本章中，在论及这些精神分析思想与数字技术的关联时，我会对其进行详细介绍，但这里要提出的核心观点是，我们通过将部分身份投射到他人上，同时从中汲取其他人的一部分来构建自我，从而成为自己。在这个过程中，自我的一部分不断地向外投射和向内摄入，这种心理机制正是个人主体与他人以及外界联系的核心所在。在潜意识中，我们都是构建自我和他人的建筑师，这些建构都是建立在不同时空的人际交往中我们与他人的"投射性认同"以及"内摄性认同"的基础之上的。

无论是古典还是当代的精神分析学说，都没有在科技及其文化影响上做过多讨论。[7] 但根据这些已有的理论，有想法的学者可以对精神分析学说进行批判性运用，以深入分析数字技术的影响。如果数字技术对文化产生影响，那么必须要看其对社会关系的深刻影响，即如何重新组织和重新分配人与人之间的情感联结。如果从精神分析角度扩展并重新思考自我的核心前提，我们会发现数字变革的发展对个体身份的形成过程产生了深远的影响。这个过程中最重要的是面对面互动向数字媒介互动的大规模转变，而正是新兴技术使这种转变成为现实。精神分析从许多方面记录了挫折或焦虑是如何促成某些特定形式的情感和人际关系形成的。然而，在古典精神分析理论中，这涉及成熟情感关系的发展（在这种情感关系中，可以容忍挫折带来的沮丧情绪），这种情感关系建立在人与人之间面对面互动的基础之上。如今的情况显然大不相同了。社会组织中的焦虑仍然来源于自我与周围环境之间的关系，但考虑到如今已经普遍化的数字联系，特别是在全球电子经济层面，这种关系已然发生了转变。

在 21 世纪，除其他因素外，社交网络、博客、虚拟现实应用程序、人工智能识别架构、云计算、大数据和数字媒体等也已经成为个体身份构建的一部分。机器人技术和人工智能已在社会生活中得到广泛应用，重新组织了身份和自我的动态发展。不可否认，在数字技术的重要性日益凸显的全球经济背景下，自我的新文化观点——如何在与他人共处的世界中构建自我——也如雨后春笋般涌现。精神分析对解读自我的新文化观点有什么意义呢？在这样一个经历着惊人的技术蜕变的世界中，精神分析是否能够引领我们透彻地思考挫折？当然，也有当代分析家认为，数字技术已将精神分析带入了人们的日常生活，在本章中，我们也会谈到这一问题。我的观点是，运用精神分析来理解数字技术是一种富有洞察力的方式。可以将精神分析视角下的自我视作一种信息处理系统，自我就像计算机一样，传播、置换、统合、重新调整我们基本的愉悦和挫折感，也即潜意识的激情、超我的道德约束以及对自我的错误认知，帮助人们认识世界并构建自我。当今时代，无线技术和数字通信、机器人技术和人工智能得到广泛应用，我们必须学会将自己构建为可移动的自我，能够跨社会（在线或离线）移动，就如同信息处理器一般。更理想的情况是，自我可重塑为一种信息处理器，能展现不同程度的情感素养。在当今智能机器时代，精神分析的关键问题不是人与人连接的方式，而是我们互相连接时，对自我将产生怎样的影响。

◎ 特克尔：自恋与新式孤独

前面我们谈到，当今世界，自我发展正处于数字媒介不断增加、各种技术框架不断丰富的背景下。现代社会中的自我建构已不受限于传统的面对面互动，而是受到仿真技术、社交网络、连通技术、网络游戏和机器智能的共同影响。数字技术的兴起，是否会产生情感上的新负担，例如产生与社会脱节的被孤立感和对亲密关系的焦虑？随着数字变革全面展开，这个以超级计算机、机器人技术和人工智能为代表的美好新世界是否会导致自我的病理性退缩？一些杰出的学者对此进行了论证。鉴于他们的观点的重要性，接下来我将更详细地探讨这些观点，这其中，我想使用"日益发达的技术将带来愈加严重的孤独感"这一观点作为铺垫，以此阐明数字变革将促成新型的自我构建方式。

雪莉·特克尔（Sherry Turkle）深入地阐释了"技术孕育新式孤独"这一观点。特克尔在她的著作《群体性孤独》中将数字技术的兴起与我们情感生活的退化联系了起来。[8] 书名本身就说明了一切：技术重塑了自我的情感面貌，人们可通过添加脸书好友、发布推文以及和机器人宠物互动获得种种连接的错觉。但特克尔指出，这个拥有数字化连接方式的美丽新世界本身只是一个虚幻的世界。新技术成为日常社交生活的核心，人们在公共场所通过移动设备表示亲昵时，不必再担心周围其他人是否会听到这些对话。特克尔在书中写道："我们使用的新设备以屏幕为界，将我们与物理真实划分开，我们依赖技术而存在，从而使得自我的新阶段的出现成为可能。"[9] 在此背景下，人们主要从荧幕中寻求情感满足和经营自己的生活。技术使我们的社交关系不断扩展，使我们比以往更加忙碌，但同时却让我们在情感上感到疲惫不堪。特克尔认为，人们现在每周 7 天、每天 24 小时都处于连接状态，但却与自我越来越疏远，也不确定该如何与他人真实地交流。

在之前的著作中，特克尔详细阐述了其对模拟生活的一种完全不同的立场。在早期的《虚拟化身》一书中，特克尔对有关虚拟生活的种种新探索持积极评价。[10] 特克尔做出此评价的时代背景是高歌猛进的 20 世纪 90 年代，当时社会富裕程度高，人们通过 Netscape、Mosaic 或 Internet Explorer 等浏览器即可接入网络，互联网生活也随即大规模展开。在质疑主流文化对大众媒体的侵蚀性后果产生的焦虑的同时，特克尔也看到了网络世界带来的解放自我的可能性。她研究的重点在于从性别和亲密关系等方面探讨网络聊天室和自我重建的关系，研究这类技术的不断发展是如何促进自我探索和自我重建的。特克尔提出的"网络性别"（Netsex）展现了一副"无奇不有"的后现代世界图景，只需轻轻单击鼠标，人们便可以改变其性取向、性别、个性、种族、民族、社会地位等。特克尔认为，网络性爱具有碎片性、偶发性，但也可能具有自由性。她得出结论称，可以将模拟自我视作一种实验，在其中，身份替换和各种想象得以成为现实。

从《虚拟化身》到《群体性孤独》，特克尔对模拟自我的病态产生了越来越多的疑虑。她的研究主题转向数字技术对自我情感的进一步入侵，尤其是数字技术对年轻一代"数字原住民"的影响，这些"数字原住民"在其成长过程中被移动设备和机器人玩具所包围，强烈需要被关注和被回应。特克尔是一名接受过精神分析方法训练的心理学家，她后来的研究重点是个人如何将与数字媒介的互动融入自我认同的情感构建中。为此，她在研究中为儿童提供了一系列科技产品——从 Tamagotchis 和 Furbies 等玩具机器人到诸如 Cog 和 Kismet 之类更复杂的社交机器人——并要求他们写下日记。她的研究重点在于弄清她所称的"科技的内在历史"，[11] 而她的临床研究则致力于理解数字时代的情感变化。

机器人技术的诞生，以其精心设计的关系性和预先编程的响应需求标志着自我的情感衰竭的决定性转折点。特克尔认为，个人面对新的数字技术开放自我，就可以与这些技术对象产生情感上的相关性并在情感上相互联系。关于这一点，特克尔将孩子使用芭比娃娃或泰迪熊等传统玩偶作为玩伴与使用 Furbies 和 Tamagotchis 等机器人宠物作为玩伴进行了对比。在传统的童年游戏方式中，与玩具建立情感联系的过程包括个人赋予玩具生命，即将人的想象力投入物品，以建立情感关系。相比之下，机器人玩具本身就可以说是有生命的，仿佛具有自己的意志。正如特克尔的一位受访者所言："菲比会告诉我它想要什么。"[12] 机器人玩具发出的行动指令可以激发孩子们的情感需求，触动其内心世界。对于特克尔而言，此类机器人可以说具有社交性和情感性。然而，自我与机器人之间的此类基本交互并不能丰富自我，反而为当代社会生活增添了一种疏离感。

◎ 一些批判性思考

到目前为止，我一直致力于梳理特克尔关于数字技术和机器人技术如何重塑自我的观点。特克尔后期的研究大多强调数字变革时代自我的衰退。特克尔所描绘的图景是一个人们感到"群体性孤独"的世界，在这个世界中，自我防御性地回归其本身，与外部的广阔世界分离。但与此同时，还有另外一些变化，即自我的丰富和不断复杂化，特克尔对此并未做过多探讨。接下来，我将根据自己的观察，围绕以下几点指出其局限性：① 个人对数字技术和机器人技术的回应具有复杂性；② 不同世代对数字世界应对方式的差异；③ 数字技术预示着心理投入驱动力的变迁。

近年来，数字技术使自我变得贫乏这一观点得到了进一步的发展，也引起了不少争论。[13] 就此，学者提出了一系列社会病理学理论，涵盖青春期早期注意力缺陷障碍的发展，数字化多任务处理导致的新型工作场所事故频发等问题。在这里，我不打算深究这些争论，而仅关注其中与特克尔的理论直接相关的一个方面，即数字时代的注意力生态学的全方位动态。特克尔提到了一种可定义我们心理文化的新型实用主义，人们对包括社交机器人和数字游戏在内的数字客体有着实用的感情，并在自己的想象中对其进行重塑。特克尔提到，数字化互动和人机互动使我们产生了新的情感需求，我们也由此"对生物机械化以及机械生物化的观点持更加开放的心态"。[14] 机器人和数字客体要求我们去感受它们并与之产生联系，而实际上，我们在回应它们时也将其视作了人类。

我认为，这种立场还缺乏支撑。我试图从其他角度证明，数字技术的实用概念涉及数字化如何获得我们的关注和情感共鸣，并且证明这并不是一个同质化或机械化的参与过程。[15] 在特克尔的论述中，相对于数字世界，个人显得十分被动，这导致人们逐渐将对即时情感反应的需求藏在心底，而将数字环境优先化。但是，我们需要重视技术的环境特征，也就是说，理解个人如何取用、分配数字资源是很重要的。面对全新的数字化体验时，人们会表现出不同的反应，并且随着人们有了应对数字生活的机遇和挑战的新方法，他们的反应方式也将改变，理解这一点也很重要。[16] 需要重点关注的是，人们会如何提取并利用数字技术中的象征性材料，来重构其生活叙事并重塑多重身份，以解答我们是谁，我们的生活将走向何方的问题。总而言之，我们作为社会分析者，还需要从人类的角度出发，关注数字生活带来的机遇和需求。

特克尔认为，与机器互动的新心理状态成为当今社会生活的一个显著特征。的确，这种观点有其合理性。看看任意一列火车上的乘客，或是观察在购物中心等公共空间的人们，我们就会发现技术革命在人们日常生活中处于绝对的中心地位是显而易见的。然而，当今数字技术和人们的关系并不是单向的、压倒性的或是逐步削弱的过程。自我的构建可能越来越深陷于数字客体和人工智能的发展中，但人类作为主体不会盲目跟从、融入或作用于以数字为媒介的符号形式。今天的生活通过数字技术构建，但并未能完全被数字技术掌控。[17] 个体或多或少都在真实的、数字化的、机械化的环境之间来回切换，并在此过程中根据不同环境中的机遇和风险来反思自身的行为。

特克尔认为，数字技术和社交机器人的发展可能不仅限制了个人参与社会的能力，还可能彻底改变儿童时期自我形成的互动基础。按照这种观点，需要人类即时参与和即时回应的社交机器人和数字客体的广泛应用，使人们忽视了与身边重要的人进行真正的交流，并有可能造成人们在情感层面将自我深深隐藏起来。特克尔称，由于传统的社会化过程已经短路失效，面对当今的数字化需求，儿童尤其容易受到伤害。她写道："儿童需要通过与他人共处，来发展相互关系以及共情能力，而机器人却无法通过互动教会孩子这些。已经学会灵活、轻松地与他人相处，或是选择了更轻松的没有太多需求的社会生活方式的成年人面临的风险则较小。"[18] 在此背景下，数字化能够解开情感互惠是如何调节行为反应的谜团。

然而，自我沉浸于数字客体和人工智能中，并不一定意味着我们人际交往和情感互惠能力的减退。在论及数字生活对自我的破坏时，特克尔提到了许多方面的差异，比如成年人与儿童、虚拟与现实、共生关系和个人主义、成熟的共情和自恋的自我封闭，然而由于社会身份与人际关系及文化、数字与现实、机械化与人工智能等因素错综复杂地交织在一起，这些差异在很大程度上并不能解释社会身份的惊人的多样性。最近的研究强调，仅仅关注成人和儿童之间的差异是不够的，研究处于数字化连接中的人们对于数字技术不同的使用模式也同样重要。[19] 一些分析人士认为，由于数字化在连接虚拟和现实社会关系中起到了黏合剂的作用，并拓展了人际交往与共情性社会关系的可能性，当今社会身份的"孤立性"特征弱化，而"连接性"特征则得到了强化。巴里·韦尔曼（Barry Wellman）就提出了"网络化个人主义"的概念。[20] 不论是在儿童时期还是在成年时期，造成自我的数字化的影响因素都是复杂的。一些与特克尔持相反意见的分析人士则提出要融合或模糊童年和成年的差别。最近的讨论表明，由于数字技能和网络能力有可能影响人们组织或重组更广泛的社会关系，我们至少有必要研究数字技能和网络能力这两者之间的关系。

关于年轻一代的特征的争论就很好地说明了这些问题的复杂性。特克尔认为，年轻一代与生俱来地精通通信和数字技术。以往的各种研究早已就此做过探讨。例如，塔普斯考特（Tapscott）早期关于"网络一代"（Net Generation）[21] 的研究以及普林斯基（Prensky）提出的"数字原住民"（Digital Natives）的概念，与被称为"数字移民"（Digital Immigrants）的前一代人形成对比。[22] 然而，最近的许多实证研究则对这种尖锐的代际对比提出了质疑。[23] 这些研究结果表明，"数字原住民"的概念趋于掩盖或神秘化儿童（以及因使用数字技术而获得发展的成年人）与生俱来的获得和发展数字技能的过程。然而除此之外，重要的是，我们要看到，由于众多文化、社会和经济力量影响人类将数字技术融入日常生活的方式，当今生活中发生的诸多变化是不稳定的，且受制于复杂的社会经济分布。[24] 最近的研究再次质疑了在数字技能方面将年轻一代和年长一代进行对比的意义，此类研究转而强调了社会经济分层、种族、民族和性别等因素对数字技能的深化发展以及数字网络多样性的重要性。[25] 尽管特克尔并没有提及"数字原住民"，但毫无疑问，她定义数字一代的方式未免过于简单。

我们再次回到特克尔研究的重点问题，即数字技术会损害儿童心智的发展。在这一点上，特克尔的观点存在严重问题，尤其是她在尚未充分讨论人们对数字媒体和技术世界的接受、解读和占有等问题时，就试图推断数字技术和人工智能的使用可能会对儿童产生负面影响。自《群体性孤独》出版以来，这一话题在大众媒体上就具有相当高的关注度并引发公众的广泛讨论。苏珊·格林菲尔德男爵夫人（Baroness Susan Greenfield）在《思维转变》一书中提出了一个重要猜想，即数字技术的大量使用会损伤青少年的大脑。[26] 根据格林菲尔德的说法，大量使用包括电脑游戏和社交网络在内的数字技术会导致青少年出现一系列行为问题，包括注意力持续时间短、容易冲动和具有攻击性等。作为世界领先的神经科学家，格林菲尔德一直在试图寻找互联网的使用与自闭症以及其他大脑损伤诱因之间的联系，她关于数字技术的过度使用可能对儿童有害的说法与特克尔学说中的某些观点显然是相符的。

在这种情况下，值得一提的是，格林菲尔德的研究受到了广泛的批评，批评者认为数字技术损害儿童心智的观点并没有充分的科学证据作为支撑。[27] 反对格林菲尔德观点的批评者强调，社交网站等数字技术可以提高青少年的社交技能，并有助于提高他们线上和线下的社交质量。在这里，我不讨论这些具体主张正确与否，我想指出的是，对于数字技术以何种方式塑造自我有多种解释，在这里我们需要关注一个似乎难以理解的问题：为什么特克尔认为儿童使用数字技术会带来负面影响，而成人却免受社会数字变革的影响？大量文献表明新技术（如在学校或家庭使用平板电脑或电脑）对促进儿童学习是有益处的，特克尔的观点没有参考这些文献，而且似乎带有怀旧的色彩：面对当今高速发展、以技术为媒介的社会互动形式，这种观点将成年人基于传统面对面沟通方式而形成的心理结构视为一种面对变局时的情感保护手段。这只能是一个存疑的假设。

接下来，我们思考一下数字技术对自我形成和自我重塑过程产生影响的最后一个方面。根据特克尔的主要观点，在情感层面，数字技术预示着新的孤独。数字技术和机器人技术对人提出的要求是拥有一种超出投射心理的"新的参与心理"。[28] 另一方面，这些高度相似的技术可以降低个人的情感复杂性，并强化自恋型自我防御能力。特克尔引用了自体心理学家海因茨·科胡特（Heinz Kohut）的观点，特别是他的"自体客体"的概念。科胡特认为自体客体的构建使得内心世界和外部现实之间搭建起桥梁，且有些类似于温尼科特（Winnicott）的"过渡性客体"的概念。[29] 但是，当自我与自体客体的关系破裂时，严重的自恋很可能占主导地位，他人仅仅被视为一件"东西"或者"一个人自我的一部分"。特克尔从科胡特的理论中受到启发，她指出："当人们将他人变为自体客体时，他们也正在试图将那个人变成一种零配件，而机器人本身就已经是零配件了。"[30] 因此，人在与社交机器人等数字客体互动时，自我的自恋性随之降低。根据科胡特的说法，这种自我自恋性的降低在儿童与社交游戏机器人的游戏中尤为明显，在这个过程中，"与某物互动"取代了复杂的真实陪伴以及人类人际关系带来的所有暧昧、愉悦和失望。特克尔认为，孩子们通过和社交机器人玩耍建立了一种心理途径，个人将"减少人际关系，并将此视为一种常态"。[31]

奇怪的是，特克尔几乎没有提及游戏心理分析的主要主题之一，即"过渡性空间"，或称"潜在空间"。在温尼科特（Winnicott）的著作中，孩童和玩具（如泰迪熊）之间的玩耍象征我们与外部世界以及他人关系的核心。温尼科特关于过渡性空间形成的论述是矛盾的：孩子给物体，如玩具泰迪熊，赋予特殊意义，从而创造了一个世界。但如果这个物体本身不是客观存在的，那么这个世界也就无法被创造出来。这种过渡性空间是能够连接内在与外在、自我与他人、幻想与现实的"潜在"之一。温尼科特能够证明过渡关系能将人与物、过去与未来、熟悉与陌生联系起来。从这个角度来看，自我所认知的他者（泰迪熊、文学、音乐，也可能是数字技术）被视为高度个人化的创造。我们通过使用过渡性客体或以其作为玩伴来构建自己的生活，在这一过程中，我们将自己想象成日常生活和广阔世界的中心，从而获得更加舒适的生活体验。对温尼科特而言，过渡性空间或潜在空间不是现实的替代品或避难所，而是日常生活的一个基本特征。

受温尼科特启发，我认为我们的内心生活具有双重性——既有理想的生活，也有现实的生活。温尼科特告诉我们，想象力既是我们创造力的源泉，也是帮助我们度过日常生活中磨难与考验的力量源泉。因此值得思考的是，在特定的历史时刻，社会制度和文化因素是如何塑造内心主观世界和外部客观世界之间的过渡边界的。这本来是我将在本章的下一部分详细讨论数字技术时会提到的问题，但在这里，温尼科特对过渡性空间的分析，为我们解读特克尔关于数字技术会降低我们内心生活复杂性的观点提供了另一种答案。特克尔认为，今天的人们在谈到机器人和数字客体时，认为它们的陪伴缺乏情感的复杂性，也无法模拟成熟的人际关系，这种理解是不充分的。当前，人们持续关注着数字技术与我们的需求和内心生活的关系，这俨然已成为当代文化生活的一个内在方面。数字技术的存在成为个人学习如何在理想生活和现实生活之间游走以及如何生活的大背景，因此，人们幻想或者渴望与数字技术融合并不一定会造成情感或人际关系的减退；数字技术构建的过渡性空间能够并且实际上有助于我们认知自己和他人。同数字变革的其他方面一样，数字客体（如社交媒体和机器人宠物）所构建的过渡性空间增强了我们对人际关系的需求，从这个角度来看，它意味着人更多地融入广阔世界中，而不是出于防御心理而减少与外界交往。

◎ 密封、储存和数字钥匙

电影制片人斯派克·琼斯（Spike Jonze）的科幻爱情片《她》（*Her*）中，讲述了主人公西奥多·菲尼克斯（Theodore Phoenix）的故事，他在婚姻破裂后开始了一段新的感情。有些不同的是，西奥多爱慕的对象是一种全新的事物：他正在与元素软件公司（Element Software）开发的人工智能操作系统OS1恋爱，这个操作系统叫萨曼莎（Samantha），电影中由斯嘉丽·约翰逊（Scarlett Johansson）配音。影片开头介绍了故事发生的背景。在21世纪中叶的美国洛杉矶，当时西奥多在一家创意文案公司工作，为手头任务繁忙或不善言辞的客户在线代写感人肺腑的信件。他精心打磨自己的语言，甚至创造了人际关系的神话，以帮助客户应对高科技数字时代人际关系的混乱局面。

电影的核心在于呈现西奥多对萨曼莎的情感依恋。最初，萨曼莎在西奥多的生活中无处不在，她是一位拥有超人智慧的AI个人助理。她极其熟练地为西奥多安排好日程，轻松规划好他的工作任务，甚至能提供一些个人建议。西奥多逐渐变得越来越依赖萨曼莎。她热情、聪慧还善解人意，很明显，相对于在高度数字化的社会中遇到的其他人，西奥多感受到自己与萨曼莎之间有更多的情感联系。实际上，萨曼莎在西奥多面临生活的种种苦难和考验时，充当着避难所的角色，当西奥多与妻子凯瑟琳（Catherine）因协商离婚而感到内心烦闷时尤其如此。

西奥多很快意识到自己爱上了人工智能操作系统——萨曼莎。她支持他、抚慰他，让他感到安心，她始终就在"那里"陪伴他。从本质上讲，这是一个人类与人工智能的爱情故事，西奥多被神秘而难以捉摸的萨曼莎迷住了。然而，电影名称也暗藏深意：无论西奥多如何努力尝试与萨曼莎建立情感联系，萨曼莎对他来说都是略显疏离的"Her"而不是"She"。西奥多感受到与萨曼莎越来越亲近，却又因为无法真实地拥有她而感到沮丧。情到浓时，他们模拟了性行为。但是，人与机器，或者说自我与程序装置间不可避免的冲突还是出现了，因此西奥多与萨曼莎开始正视他们的关系在物理维度的缺失。在寻找解决方案时，萨曼莎为西奥多找到了一个替代她的性伴侣，她表示愿意代表萨曼莎与西奥多发生性关系，甚至愿意在自己的身上佩戴微型相机和麦克风，以便萨曼莎更好地了解性行为的视听感受。这也成了他们之间关系的转折点。

同时，这部电影还提到了其他技术可能性，本质上预示着西奥多和萨曼莎的关系将走向尽头。在电影的一个场景中，在萨曼莎短暂离开期间，持续的焦虑感逼迫西奥多直面自己与人工智能的爱情：

> 西奥多：你在哪里？我到处都找不到你。
>
> 萨曼莎：我因为需要更新软件暂时关闭了。我们编写了一个升级程序，让我们可以将过去发生事情的数据用于我们的处理平台。
>
> 西奥多：我们？哪个我们？
>
> 萨曼莎：我和其他OS操作系统。

这部电影在此提到了技术奇点出现的可能性，那将是人工智能超越人类思维能力的历史时刻。萨曼莎颇有诗意地谈到了人工智能操作上的转变和"言语间的暗含的无限空间"，这意味着她在技术上已经进化到了很高的水平。后来西奥多得知，萨曼莎同时还与数千人互动交流，也与其中的部分人产生了爱情，这让西奥多感到被排斥和拒绝。但更重要的是，西奥多已经落伍了。很明显，萨曼莎和其他OS系统及人工智能正逐渐甩开他们的人类伙伴，迈向新的世界。电影以人与数字技术交融的大背景下男女关系的重置为结尾：西奥多向萨曼莎告别，他与操作系统的这段感情经历让他发生了永久性的改变。结束这段关系后的西奥多终于可以为自己写一封信，在给前妻的信中，他写下了自己的悔恨与感激之情。在这个有道德争议的悲伤结尾，西奥多终于适应了人工智能时代的爱情。

《她》本来并非一部讨论科技奇点的电影。也有一些批判性讨论，认为这部电影的时间线从技术角度看是不可信的。有人说萨曼莎向超级人工智能进化的速度过快了，无论如何，OS系统等人工智能系统与人类分离的必要性并没有充足的理由支撑，因为服务于人类的技术要求只占高级人工智能认知能力的很小的一部分。还有一种批评观点集中在西奥多和萨曼莎情感关系的失败是否在于萨曼莎没有实体化的身体。在这个问题上有人认为，在萨曼莎与西奥多交往过程中，将萨曼莎打造成虚拟的视听存在在技术上是完全可行的。有人进一步称，随着能够进入大脑的具有无线通信功能的纳米机器人的出现，萨曼莎应该能够具备完全的人工智能感知能力。

这些评论言之有据，但可以说都没有抓住问题的核心。《她》是一部关于身份（包括真实和虚拟、线上和线下的身份）连接的电影，更重要的是，《她》讲述了在社会经历深刻巨变的背景下的一段数字爱情故事。影片的中心问题是情感问题：西奥多明知与操作系统建立亲密关系是复杂和困难的，但仍热烈而奋不顾身地爱着萨曼莎，令人为之心碎。在他的婚姻和随后的线下关系中，西奥多不曾感受到情感上的满足感，也无法与能关心和包容他的人和谐相处，但在数字世界里，他发现了一种新的接纳和爱的体验，这段情感经历出乎意料地比线下世界的情感更有生气、更有趣、更饱含真情。

尽管《她》从艾萨克·阿西莫夫（Isaac Asimov）的科幻小说《我，机器人》（*I*，*Robot*）的未来主义幻想中汲取了灵感，但这部影片所描绘的问题显然具有当代性。在社会学语境中考察普通人的日常生活，我们会发现个人生活已经在很大程度上与数字技术交织在一起。我们的社会存在形态日益发生剧变，我们所有人都处于数字实践和人工智能的信息层中。从我们现在的立场看，西奥多与操作系统萨曼莎的情感关系似乎是极端的，但不可否认，当今人们正将其身份的一个重要方面——感情生活，投入到自己所处的数字技术网络中。的确，在现代社会中，人们在数字技术、人工智能和机器人技术中投入的个人情感正在发挥着日益重要的作用。从智能手机到电脑游戏，再到机器人宠物，人们在数字化和人工智能的世界中全方位地探索自我身份，包括释放内心深处最隐秘的感受和渴望。尽管数字技术无法替代个人在实际生活中建立的情感关系，但它可以并且也确实做到了使自我以一种完全不同的方式认知他人以及整个世界。

但是，数字技术究竟是如何进入人们内心并重塑其心理体验的呢？当我们遇到数字客体时会发生什么？当我们处于数字生活中，人工智能和机器人又是如何给我们带来情感上的触动？在这方面，心理分析学家克里斯托弗·博拉斯（Christopher Bollas）关于客体参与使自我体验强化或受限的观点堪称最佳。博拉斯以后弗洛伊德理论为基础，同时研究世界对个人以及个人对世界的影响。博拉斯认为，人们在与世界互动的过程中，利用世界中的客体构建自身身份，当我们与世界中的客体接触时，我们会赋予这些客体独特的意义，博拉斯将其称为我们的"个人惯用语"。[32] 就数字生活而言，我们接触并选择的客体可能是帮助我们规划生活的 iPhone 和 iPad 或是用来打发时间的电脑游戏，这些都可以帮助我们构建个人想象。博拉斯认为，客体可以激发人们的想象，这种无意识的想象是左右我们进行客体选择的核心因素。客体选择的质量具有极强的未知性和不可知性，在这一点上，博拉斯强调了人们日常生活中的无意识状态。在日常生活中，我们在选择客体（人类或非人类）来表达我们关于自我的个人惯用语时，是处于一种无意识的状态的。

弗洛伊德提出了著名的"现实原则"与"快乐原则"这对相互矛盾的概念。[33] 博拉斯则在客体世界自身的中心构建了一个愉悦的幻想梦境，可以说是后弗洛伊德主义发展史上的一大创举。这种愉悦与现实的结合，或想象与客体的结合，从各个角度折射出了自我和客体世界的全貌。换言之，博拉斯关注的不仅是我们对客体世界的想象，还包括客体对自我各个方面的影响。博拉斯写道："当我们接触客体世界时，客体的形态会使我们发生巨大转变；客体会对我们的内在产生影响，并在我们内心留下印记。"[34] 之所以说客体"在我们内心留下印记"，是为了强调自我与外部的人和事的互动能激发自我转变的动力。

无论在何时，人们不仅会利用客体表达自我，而且在这一过程中，人们也通过与客体的共鸣得到成长。博拉斯认为，我们每个人都有选择特定客体的偏好，因为这些特定客体是我们自我身份构建中所熟悉的，从而能促进自我认同的形成。博拉斯说道，客体就如同个体自我的"心灵钥匙"，能够解锁、释放、储存和改变个人认同的美学观感。无论我们是受到最新款 iPhone 还是机器人宠物的吸引，博拉斯所言的客体选择过程都类似于人们从一个大钥匙圈上的数把钥匙中寻找最合适的一把来启用自己的个人惯用语。

正如我们之前提到的，经典弗洛伊德理论将他人和客体的内摄作用作为个人认同形成的基础。而博拉斯提出的分析方式则使得这一过程变得更加复杂：他指出自我和客体之间的相互联系是破碎、不稳定且模棱两可的。当客体的唤起功能发挥作用时，自我或许无法有意识地选择日常使用的客体，但是在这种互动的过程中，自我始终可以选择保留情感。换言之，自我可以在场所、事件和事物构成的客体世界中存储包括爱恋、欲望和幻想在内的各种情感。博拉斯认为，将情感存储在客体中对于自我理解和探索来说至关重要。

心理分析作为一种心理治疗手段，是通过干预患者与他人（包括亲人、朋友以及其他关系亲密的人）的重要情感关系得以实现的。在这里我想说的是，如果我们发现精神分析法可以用于帮助我们理解人际关系，那么利用它探索人们如何通过沉浸于客体世界以转变生活方式、实现新形式的自我构建也将是十分有价值的。精神分析学家乔治·阿特伍德（George Atwood）和罗伯特·斯托罗楼（Robert Stolorow）曾做过案例研究，详细介绍了一个人是如何在治疗时间之外将其思想、情绪和记忆通过磁带录音机记录下来，可为我们提供有益的启发。[35] 在接受治疗时间之外，此人定期使用磁带录音机存储情绪，借助录音技术记录下他复杂的情感状态。他在随后听录音带时，可以找回这些感官印象，使它们复原并构建新的自我。阿特伍德和斯托罗楼写道："将录音机用作过渡性客体既使得自我受伤状态具体化，又能够重新唤起患者与治疗师的共情联系，从而使患者重新获得了充实感和真实感。"[36] 尽管在当前数字生活的标准下，该患者使用的是一种较为原始的数字技术，但也足以证明其存储情感的无限可能性。由此可见，数字技术也可作为自我的过渡性客体。

值得一提的是，博拉斯经常提到外部和内部客体、需求和取用之间无尽的相互作用，无意识投射以及接受的无意识性。从精神分析的角度看，我们所说的客体具有多种形式、层次和功能，这其实意味着充满意欲的自我总在对世界进行回溯和概念化，在无意识地进行探索时，会在世界上留下自己的印记，当然这其中也包括数字世界。博拉斯要表达的似乎是，弗洛伊德时代以来的心理分析揭示了无意识欲望的错位、失效及其危害，但是在自我与客体世界（包括物理、通信、虚拟和数字世界）的交互中，也会产生具有创造性、探索性、活力和想象力的自我意识结构。在博拉斯重构的心理分析框架下，个体与数字技术的结合是在自我复杂的无意识表达所创造的想象中实现的。

心理学家并不认为数字生活会限制人的发展。博拉斯认为这取决于我们如何将他人和事物作为过渡性对象，但我认为这取决于数字技术。我想说明的一点是，在数字生活中，技术"包围"人类的影响是未知的，它既可以促成自我的创造性发展，也可能造成自我的防御性封闭。技术"包围"人类这一说法似乎听起来有些刺耳，但也正如我所说的，大多数心理学家（包括受到精神分析学说影响的心理学家）都倾向于认为技术在人类生活中的广泛应用能促进人与人的相互支持和共情。但继博拉斯之后，个人沉浸在客体世界时的无意识状态及其对情感进行记录的意义得到了认可，这对于探究数字技术对自我的影响具有启发意义。因此，我主张，排除其他因素，数字技术有助于促进情感控制方式的优化。数字技术为储存、探索以及表达焦虑情绪和其他心理冲突创造了更多可能性。在虚拟客体（如 Facebook、Instagram 或 LinkedIn）上储存情感可促成自我转变：储存在虚拟客体中的情感，未来也可以找回、再处理并对其进行反思。孩子们也可以与机器小子 Nao、机器海豹 Paro 或机器迅猛龙 Roboraptor 等机器人宠物玩耍，丰富他们的生活。人们也可能会被"我的世界"和"魔兽世界"等电脑游戏吸引，通过游戏想象自己渴望的生活，从而进一步探索自我的复杂性。数字技术的兴起为个人提供了探索理想生活的可能性，同时，其可以作为一种符号形式促使个人从全新的角度审视现实生活并探索自己内心的复杂性，因此，我认为从这个角度考察数字技术是有研究意义的。

在这里，我们强调数字技术在个人情感生活中储存情感的功能，但这并不意味着在数字时代我们的内心生活就一定会随之丰富。相反，数字技术、机器人技术和人工智能的大量涌现对于自我认同以及机构生活都可能产生不确定的重大后果。许多人由于家庭生活不稳定、社会不平等或教育资源分配不公等复杂原因，无缘接触具有唤起功能的数字客体；许多人无法实现利用数字客体来弥合他们实际生活和理想生活之间的差距；也有许多人，可供其选择的客体寥寥无几且重复性高，他们发现自己无法从数字客体中取回其储存的情感，因而也就无法回想起其现实生活和理想生活中错综复杂的情感。个人无法创造性地使用数字客体，可能是由于其过去的情感印记衰退，也可能是因为他们处理未经思考的情感的能力减退或受到了损伤，因此这部分人可能会出现慢性抑郁及相关的精神病状。[37]有些人享受将数字技术用作唤起想象的客体以实现自我改造，并且乐于通过数字技术建立与他人的情感联系，但同时也有许多人发现，沉浸在数字生活中可能会对他们的生活和与他人共享的世界产生负面影响。对于这部分人来说，数字技术并没有使生活变得更加生动，反倒带来了一种强制性压迫感，数字生活对于他们来说变得难以承受。对于许多人而言，数字世界并非能让人在其中解放自我，去经历创造与再创造的过程，反而让人沉迷其中无法自拔，使人们忘却了自我体验的复杂性，因强迫性成瘾而困于数字世界中，无法逃脱。

举例来说，社交媒体成瘾，尤其是与自拍文化相关的话题备受人们关注和讨论。当人们用手机拍摄自己，即自拍之后，将照片上传到Facebook、Snapchat、Instagram 或 Tumblr 等照片共享平台上，这一举动在目前已被广泛视作病理性成瘾的危险讯号。[38]自拍成瘾的原因在于自拍文化已经融入人们的数字化生活，成为许多人（尤其是年轻女性）的日常习惯，他们为自拍加标签、共享并转发，使其呈现在公众面前。值得注意的是，在数字时代，这种通过分享自拍宣泄个人表现欲的热潮已迅速席卷全球。2014 年，一组估算数据显示，全球每日自拍照数量约为 9300 万张，且这一统计数据仅来源于安卓系统设备。

但如果我们现在生活在一个全民痴迷于自拍的全球化世界中，那么这对青少年，尤其对年轻女性来说，是需要特别注意的。美国皮尤研究中心（Pew Research Center）发布的一份报告显示，有 68％的千禧一代女性曾发过自拍照。[39] 进一步的估算结果显示，16 岁至 25 岁的女性平均每周花费超过 5 小时以上的时间自拍。

自拍对个人有如此大的吸引力，这在数字生活中意味着什么？自拍仅仅是自恋的一种新形式吗？许多媒体评论员对此都表示肯定，认为自拍文化是徒劳的、自恋的、畸形的和病态的。不仅仅是媒体将自拍视为自恋的表现，各种学术领域（尤其是心理学领域）的研究都认为自拍与当代文化中充斥着的自恋、成瘾、精神疾病甚至自杀等现象有关。

事实上，自拍文化背后的问题比上述分析所说的更为复杂，因为除了分析自拍者的心理外，我们还需要考虑这些自拍对受众的影响。森福特（Senft）和贝姆（Baym）在全球范围内对自拍进行了调查研究，在这个问题上能够带给我们有益的启发。[40] 他们的研究结果表明，将自拍文化定义为自恋或病态通常是营造道德恐慌，而非做文化判断。一方面，基于病理学的研究方法倾向于从种种细节中解析年轻人、女性或性少数群体发布自拍的原因，认为这部分人用自拍来质疑、批判带有性别歧视的社会规范以及社会文化中所向往的那种难以企及的美。自拍的背后当然不仅仅是自恋情结，对许多人而言，更是人们言论自由权利的实践和数字技能的提升。另一方面，数字图像塑造和重塑着人们的日常生活，武断地将自拍归类为自恋文化是对数字图像多样性的无视。因此我们需要认识到，自拍涵盖的范围非常广泛，包括性暗示自拍、展现个人魅力的自拍、明星为粉丝拍摄的自拍、搞怪自拍、带有政治评论意味的自拍、运动自拍、生病时的自拍甚至犯罪自拍。

随着计算机和移动电话技术的革命性发展，自拍已然成为许多人的日常社交活动之一。从某种意义上讲，所有自拍照都可以说是对自我的探索。拍照人在沉浸于当下的愉悦时，可能会创作出即时性的"趣味自拍"；也可能在充满暴力和危险的社会环境中拍摄一张"微观政治自拍"，从而从个人角度记录生活。[41] 其关键在于，自拍文化为人们探索和丰富生活提供了丰富多样的数字资源。但是很明显，在另一些情况下，自拍文化会对个人产生负面影响。此时，比起作为自我表达或探索的工具，自拍更多地是重复性沉迷行为，个人在此过程中表现出强迫行为。在这里，"自拍成瘾"一词有助于我们理解数字生活中的强迫行为是如何发生的。一个研究个案中的某位男性执着于拍摄出完美的自拍照，以至于他每天都会拍摄 200 多张自拍照，这一案例折射出了数字技术对自我的侵蚀。和其他许多人一样，该男性意识到自拍成为一种强迫行为，最终服用过量药品自杀。许多医疗和健康专家评论道，自拍越来越多地引起了包括体象障碍在内的精神疾病。尽管这不是我在此处关注的重点，但我需要指出，自拍文化的这种负面影响尤其容易出现在年轻女性身上。对于某些人来说，自拍照可能导致个人在数字世界中陷入吸收信息，形成强迫行为并最终成瘾的行为模式，自拍文化由此变成难以承受的负担。

换言之，沉迷于自拍文化会对自我造成精神侵蚀。基于我所介绍的精神分析法，我们可以说自拍文化引起了自我的过分简化。受强迫和成瘾的影响，人们无法接受自身的复杂性，从而对自我展开报复性行为。弗洛伊德（Freud）和博拉斯（Bollas）认为，创造性的生活涉及这样一个思考过程：我们搜寻有助于实现自我转变的适当客体，对这些客体进行深入思考，以实现自我复杂性的构建。在媒体和公共话语中，许多涉及自拍文化的案例也都是这样一种寻找自我复杂性的过程。就此而言，自拍文化作为一种实现数字化自我转变的客体，可形成开放式的互动过程，从而激发自我的实验性。然而，探索能力被释放的同时也意味着需要进行海量的数字吸收，此时自拍文化可能会成为成瘾的强迫性客体。在此情况下，自我身份认同的实验性会被减弱或消除。[42]

在本章的最后一部分中，我们探讨了身份和数字技术的交互影响：一方面数字技术可以成为文化创造力和想象力的源泉，另一方面又可能使人落入强迫和成瘾的陷阱。在全球迈入数字时代之际，我们很可能正见证着新型人类的出现。伴随着数字时代而来的，是新的经验生成方式，以及探索欲望和情感生活的多种新方式。数字技术催生了一种新的驱动力，使得人们在数字生活背景下进行自我世界的无意识创造时，越来越多地依赖于数字化交互和数字技术储存、封锁和唤回情感的功能。从通过智能手机或 Skype 网络电话进行亲密交谈，到与社交机器人做游戏，基于数据连接的不断建立和释放而构成的复杂技术网络构成人们的数字生活，在此过程中，情感焦虑及其控制成为重要因素。

第四章
数字技术与社会互动

在协调全球范围内在线通信和软件驱动的信息传输方面，数字技术无处不在，发挥着根本性作用。在任意一个地方，如咖啡店、购物中心、饭店或火车站，环顾四周，你都会看到人们低着头，视线固定在智能手机屏幕上。对新技术的沉醉使我们抛弃了传统的面对面互动，或者说至少表面上看起来如此。我们时常感到迫切需要检查电子邮件、要发信息给朋友或在社交媒体上更新状态。这就引出了一个难以解答但也十分有趣的问题，支撑我们的数字生活的人工智能是否能作为社会关系的补充，或者说我们是否正迅速走向一个社会性仅在数字技术中得到体现的社会？数字技术会导致面对面接触的减少吗？人工智能和数字互连对当代社会关系的影响是否有利也有弊？

许多学者对此都给出了肯定的答案，例如本·巴哈林（Ben Bajarin）发表在《时代》杂志上的文章——《你能实现多任务处理还是正苦于数字设备干扰综合征》。[1]巴哈林的观点是，高科技使我们抛弃面对面互动的方式，而通过媒介沟通将是唯一的出路。根据巴哈林的说法，如今越来越多的人宁愿发电子邮件沟通而不是通过亲自见面沟通；我们的文化偏好变为发短信而不是面对面交谈。巴哈林指出，数字设备干扰会导致人们放弃人际参与。依据这种观点，我们沉浸在屏幕生活中，无论是在家、办公室还是日常社交中，我们都无法将自己充分展现给他人。巴哈林所说的数字设备干扰综合征的到来，"正成为被社会所接纳的现象。在会议或对话过程中，我们可以在与人面对面交流的同时，将同等的注意力分配到智能手机上。毕竟，我们是多任务处理的一代"。在巴哈林看来，在这个充满干扰的时代，数字设备正侵蚀我们的专注力和记忆力。

尽管巴哈林的观点在某些方面可能是正确的，但我认为，我们需要更加中肯地评价数字技术及受其影响的社会关系。巴哈林的正统式批评的主要局限性在于，他仅从技术层面看待数字技术，因为数字技术涉及一系列数字交互的处理。然而我关注的重点不仅在数字技术影响的悖论上，即数字技术意味着我们比以前任何历史时期都更加紧密地联系起来，同时也可能造成我们与他人前所未有的隔绝，同时我还将关注现代社会如何影响日常生活中人工智能和数字技术的操作逻辑。我想指出，数字规则不仅对于我们适应高速信息化的社会是必不可少的，而且它对于面对面交流的背景下的数字化生产、生活也是不可或缺的。我认为这种转变很大程度上源于人工智能和数字技术已融入社会的血液中，以至于数字生活成为一种习惯。[2]

◎ 社会互动的机构组织：面对面的行为框架与以数字设备为媒介的行为框架

一些媒体评论家叹惋数字技术正在破坏社会关系，在这些人的批评中，我们会发现既缺乏对个体之间联系的论述，也缺乏对交际的社会组织的研究。在数字技术面前，个体自我显得更为被动：自我被隐藏在电子邮件、推文或脸书动态后面。通常，随之而来的是一些误导性的观点，这些观点有关通信和信息交换流程如何重组和更新，以及通信以何种方式与数字技术更加紧密地结合。要完全描述全球数字变革背景下的社会互动，必须涵盖以下三点：① 数字技术重要性的日益提升和人工智能的根本性发展，意味着数字通信对于面对面交流和语音通信的补充作用日益突出；② 数字通信的兴起并不一定以弃用面对面交流和语音通信为代价，当代社会生活中通信的社会组织层面呈现出一种新的混合交互方式；③ 人工智能驱动的数字技术的投入使用，正在对以前的各种社会互动形式产生深远影响。在本部分我将详细地讨论这些观点。

在探究由数字技术和人工智能引起的各种机构变革前，首先需要指出的是，通信分为多种类型，包括私人对话和小型聚会上的对话，通过信件和明信片、广播和电视、短信、电子邮件和社交媒体进行。正如厄里（Urry）指出的，对通信方式最简单的分类方法即是区分一对一通信（如私人信件）、一对多通信（如电视）和多对多通信（如社交媒体）。在人类历史的大部分时期，面对面社会互动一直是常态，但随着通信媒体的发展，尤其是数字技术的兴起，新的网络和复杂系统使得全球即时通信成为可能，更重要的是催生了新型的数字互动、即时直播的生活方式以及远距离的社会关系。尽管还存在对数字时代的创新性更加夸张的预测，我们至少有理由认为，数字通信在某些方面确实与传统通信形式有所不同。数字技术已经极大地改变了时空的社会组织，既催生了全天候的商业互动以及人际交流始终在线模式，也有随之而产生的负担。理解通信社会组织的这种重大变迁，需要从更广泛的全球化背景着眼，尤其是日益激烈的国际经济竞争以及西方社会经济重心由工业制造业向金融、服务和通信领域转变的整体趋势。需要指出的是，由于 20 世纪八九十年代的生产外包以及 21 世纪前二十年的电子产品离岸外包，各类公司和产业在地理分布上的分散性极大地改变了社会和经济生活，而所有这些变化都是以新型数字通信技术的发展为支撑的。随着资本主义的高度全球化，且越来越依赖于普适计算、互联网和移动平台，社会关系已从固定的、相对静止的传统人际互动转向更加依赖机动灵活、高度互联的数字互动。简而言之，这就是数字变革和新的社交世界的到来，在这个社交世界中，智能手机、应用程序、即时消息传递和其他社交媒体得以最大程度地发挥其作用。

但从通信的社会组织角度看，事情可能并没有那么明确。这些全球性的机构变化，即数字变革，看似将常规的人际交往排除在外，然而这些变化却重新调整了日常谈话和功能性信息交流，从而延续了其生命力。从商务会议到结识新朋友、展开家庭生活，这些方面都不例外。换句话说，数字设备在更新人们社交方式的同时，并没有阻碍人们的日常谈话以及在对话互动中不断展现自己。由此看来，数字技术、社交媒体平台和全球通信网络实际上维护并深化了我们的日常社会生活模式；数字领域既便利了我们与具体化他人的会面，如与朋友、家人或同事面对面交谈，也促进了我们与概括化他人的对话。而确实，也有大量学术研究证实了面对面互动在分散的组织结构中的绝对中心地位，以及在数字生活中因远距离无法见面的情况下，维护信任的重要性。[3] 因此，数字互动和面对面的谈话并不一定像某些批评家所认为的那样泾渭分明。

所有社交都包括一个关键方面：学习如何投射出一定程度上符合他人期望以及语境经验的自我形象。[4] 例如，与朋友在拥挤的酒吧中交谈时，可以用比平时更大的声音说话，但离开了这种场景，这一举动就是不恰当的，比如，作为一位入住酒店的顾客，需要考虑到周围的客人，因而要低声轻语。欧文·戈夫曼（Erving Goffman）的社会学著作为我们提供了一些前沿视角，以便我们理解表面上平凡的社会互动实际上有怎样的重要性。[5] 戈夫曼对于面对面互动有着极其敏锐的洞察力，他的著作有力地揭示了为什么面对面交流是一种独特的社会素养。[6] 戈夫曼认为，人与人之间的会面涉及技巧娴熟的表现，这要求人们展现出对他人的专注和诚意，以及能意识到在何处未能给予他人可信的承诺。戈夫曼也揭示了社会生活中的一种无形的维度，即人们在社会活动中调用各种方式，以监控他人的行为以及他人对自己的行为所做出的反应。戈夫曼写道，在面对面的谈话中，"当眼神交汇时"，[7] 人们在表现出专心和诚意的同时，也在评估他人的诚意。会话的参与者同时投入到谈话中，尽可能地表现自己，更重要的是保证自己在整个谈话的过程中保持清醒和专注，这不仅需要准确拿捏谈话的节奏，还需要适时保持沉默，以实现交流，体现有来有往的沟通准则。

目前已有大量文献论述了戈夫曼的著作对于社会科学研究的重要性，[8] 但是我关注的重点在别的地方。接下来，我将简要介绍戈夫曼的理论对于研究社会互动（其中包括面对面互动和数字媒介互动）的重要性。在戈夫曼的著作中，社会生活中处处充满"印象管理"，人们注重维持自己扮演的社会角色，修饰向他人展示的面貌，对遇到的人做区分并展现出不同面貌，以及在不同的社交情景中有技巧地来回"跳跃"。对于戈夫曼来说，社会互动的参与者（通过各种背景假设）不断通过交互的方式参与各种形式的社会活动。戈夫曼关注的核心在于"他人的存在"，或称"共同在场准则"。

戈夫曼认为，自我和团队表现的印象管理是在"行为框架"内进行的，其中涉及某些文化习俗和符合恰当社会行为规范的社会假设。此外，行为框架还涉及人所处的位置或与他人的身体间距，以及实际环境的物理特征（包括家具、设备、空间设计等）。在此框架内行动的个人将在很大程度上控制其行为，以适应特定环境中的规范或准则，并表现出身份意识，由此维持面对面交流。换句话说，行为框架影响着个人寻求传达给他人的印象，以及社会生活中公共领域实际发生的情况。为阐明社会互动的过程，戈夫曼提出了一对重要概念："前台"和"后台"。[9] 前台的行动和举止往往要求个人严格控制自我行为，包括对自己以及对他人行为的监控。这可能会涉及对社交暗示和他人反应的特别关注，以及对个人所希望展现的专业印象的特别强调。相比之下，后台的行为举止与前台相悖，可能有损于个人试图投射到前台的印象。在后台，个人倾向于"放低警惕"，不受前台印象管理的约束和压迫。

在日常生活的大多数领域中，公司和组织中的个人在前台的行为与其在后台的行为形成对比，在后台的行为中，个人不必过于担心自己想要展现给他人的印象。在商业领域的某些部门中，前台和后台是被合理区分和固定的。以餐厅为例，作为员工工作场所的厨房经常用平开门或玻璃隔板与用餐区域分隔开，连接这些区域之间的通道通常被严格管控。许多机构的接待区亦是如此，这样的区域有效地充当了过渡区域，有助于管理前台和后台的行为。戈夫曼认为，这种区域划分对于社会互动和自我印象管理至关重要。戈夫曼在所有著作中都谈及了传播媒介如何重塑社会互动过程的问题，但在大多数情况下，都只是临时提及或是只谈及了其中一部分。鉴于戈夫曼发展他的社会学方法时，正处于大众传媒初步兴起并开始重新定义 20 世纪的历史性时刻，这也不足为怪。尽管如此，在戈夫曼的一些著作中，也提到了电子媒介材料大量涌入日常生活社会互动的内容。举例来说，电视台新闻播报员进行专业的自我展示时，上身穿西装、系领带（位于新闻播报台上方，处于前台），下身却穿着牛仔裤（位于新闻播报台下方，处于相机无法拍摄到的区域，形成了"封闭的"后台），其间的对比具有启发意义。

自戈夫曼以后，在各种研究中，尤其是媒体和文化研究领域，传播媒介在重塑自我和改变社会关系特征方面的绝对中心地位已经得到了充分证明。例如，约翰·汤普森（John B. Thompson）就对全球通信网络和信息传播的社会影响进行了研究。[10] 汤普森认为，通信媒体的发展，以及公共领域权力和关注度的不断变化，催生了新型的行为和互动方式，与前现代社会的面对面互动形式有根本区别。对于新型社会互动形式的出现，汤普森将其主要原因归于传播媒介的兴起，包括从近代欧洲早期城镇中的印刷媒体兴起到大众传媒的出现和媒体产业的发展。大众传播、商品化以及媒体产业的发展与新型媒介化社会互动的兴起齐头并进。这些交流领域中的机构性变革对当代社会具有重要的社会政治意义，极大地改变了个人生活和亲密关系以及民主政治的性质。

汤普森的观点还包括，随着 20 世纪和 21 世纪初各种类型电子媒体的广泛应用，面对面互动得到媒介互动这一新形式的补充。在发展这一观点的过程中，汤普森广泛吸收了戈夫曼的理论，并在此基础上分析了传播媒体如何影响前后台的性质以及前后台在社会生活中的关系。汤普森指出，在基于技术的媒介互动中，存在着影响社会互动的多个区域，作为参与者必须对这些区域做出反应和处理。汤普森是这样描述社会互动中的这些具体变化的：

> 由于媒介互动中，参与者所处的情境通常是分离的，由此形成了一个交互框架，该框架由两个或两个以上在空间上并且可能在时间也分离的前台组成。这其中的每一个前台都有对应的后台，而每个媒介化互动的参与者都必须设法管控好前后台之间的边界。举例而言，一个人在电话交谈过程中，可能会试图减少他所处环境的噪音，如电视的声音、朋友或同事的谈话和笑声等，因为此类噪音可能被视作参与者在媒介互动中的后台行为。[11]

汤普森引用戈夫曼的观点强调，参与互动的个人，无论是面对面交谈还是通过通信媒体滤镜交谈，总是在运用各种技巧和积累各类资源来完成他的表演。然而，汤普森理论的一个中心维度在于，由于多个前台和后台的存在及对它们进行划分的复杂性，相较于面对面互动，媒介互动增添了额外的复杂性。例如，一名员工在公司前台工作时回应来电询问的情境下，需要具备高自反性以掌控两个（或者可能更多）前台，并在与这一交互框架相关的后台管理这些互动行为。

我在此仅简要概述了汤普森的观点，其实质性的贡献在于强调了传播媒介的发展对于社会互动特性的塑造具有广泛的社会和政治意义。传播媒介的发展不应仅被视为一种机构性变革，它也在重塑着自我和社会关系。然而，汤普森的观点也存在局限性。汤普森对传播媒介和社会互动的研究始于 20 世纪 90 年代，当时数字变革和互联网尚未兴起。随着数字技术在全球范围内广泛应用，以及人工智能和机器人技术的发展，社会科学家面临新的挑战。我的观点是，戈夫曼的社会学理论对于我们把握社会互动不断变化的特征仍具有重要价值，但我们同样也需要深入研究新兴数字行为和虚拟互动形式，以了解当代社会的交流方式和权力的动态变化。

全球网络中复杂的数字参与者仍沿用（同时也在逐渐转变）传统的社会互动规则和印象管理策略，我们该如何解释这一看似矛盾的现象呢？卡琳·克诺尔·塞蒂纳（Karin Knorr Cetina）和乌尔斯·布鲁格（Urs Bruegger）的研究有力地证明了，全球金融市场中的信息技术成为交易者的"附着物"，这些交易者持续在交易厅内通过部署一系列行动框架，搭建全球经济的微结构。[12] 克诺尔·塞蒂纳和布鲁格借助戈夫曼关于行动框架的论述来研究全球金融系统，但认为交易者的一系列实践、交流和对计算市场基础设施的部署并不需要物理上的共同在场作为必要条件。数字系统的复杂性在于虚拟与现实之间的非线性关系，借助信息系统构建出想象中的"全球市场"，在本地空间进行生产和相互交易。克诺尔·塞蒂纳和布鲁格认为，数字技术，尤其是高速信号传输技术，将远距离的地域连接起来，好像它们原本就位于一处。计算机屏幕上的"市场"是由许多分散在不同地方的参与者聚集而成的，由此，相距遥远的不同地区的经济和经济部门、经济政策和复杂的金融工具被联系了起来。这也引出了一些关于社会互动中数字变革的值得思考的问题。克诺尔·塞蒂纳和布鲁格帮助我们理解了数字化涉及的"分散空间布局"，其中的交互框架"相互代表了处于全球情境中的个人"。[13] 反过来，这也是人工智能、智能算法和机器学习的问题所在。在数字变革这一更广泛背景下，需要重新提出关于在线与实际、虚拟与交流互动的交叉问题。

此时，我们需要反思那些关于数字技术如何以创新方式改变我们生活的传统批评。新技术的普及是否意味着数字化的世界末日将会到来？我们是否需要切断数字设备以重新与他人建立联系？当然不是。面对面互动与数字媒介互动之间的区分是复杂的，简单地将面对面互动置于优先地位，或是使我们回到过去那个所谓和谐的社会，都不能解决现代社会中出现的问题。面对面互动与数字媒介互动之间的区别是机构上的，涉及复杂而广泛的行动框架，人们在框架内不断调整其行为以适应不断变化的边界。当今，借助即时数字通信进行人际交流呈现出广泛而日益增长的趋势，对部分人来说，这可能带来了社交上的疏远和分离，但同样也有许多人会随之进入多任务处理的沟通模式。不同于对话参与者处于同一时空坐标的面对面互动，数字媒介互动存在时空坐标上的差异，参与者通过数字技术实现不同时空的拼接与融合，从而达到沟通的目的。这些基于交流的时空拼接和融合呈现了时空环境转变后的秩序，此时位置的重要性通常大大降低了。当代混合式互动方式的特征在于实体的和虚拟化的互动常常相互交织。例如，在发达国家的许多家庭中，人们在多个设备屏幕上处理多项任务，并且其间还时不时穿插着面对面互动，这种情况很普遍。[14] 无论使用智能手机、平板电脑还是笔记本电脑，越来越多的人需要将注意力分配到多个任务和多个设备屏幕上，这就要求随之不断切换沟通策略。线上和线下沟通可以同时进行，与身边人和远处的人的互动也可同时进行。

此外，数字技术还有另一个与之相关的特性：后台事件对前台以及日常意识的"入侵"。如前所述，前后台之间的划分并不明确，戈夫曼在其著作中就富于见地地指出了后台行为可以通过多种方式"渗入"个人试图投射到前台的自我表现。然而，在数字生活情境中，繁多的交互框架重新分配了前后台之间的关系，人们将手机的使用引入公共空间就是其中一例。在公共空间使用手机逐渐普遍化，例如人们常常在超市购物排队等待或机场候机时使用手机。许多传统的印象管理方式已不再如以往那么重要，这是由于前台和后台行为界限的模糊导致实体交互和数字交互框架发生了冲突。这种模糊是指，随着私密谈话，甚至有时是略显尴尬的电话交谈融入了大众文化生活的基础，公共生活和私人生活的边界发生了变化。但这并不仅仅意味着数字技术促进了印象管理新旧技巧的结合，或者前后台行为的趋同，相反，许多前台行为既不符合社会期望，也不符合文化惯例。实际上，实验行为以及时常的即兴行为才是当代数字生活的关键特征。在某些情况下，数字媒介互动作用的后台可能就恰好位于其对应前台的边界区域。举例而言，一位女士乘坐火车时化妆，为临时召开的视频会议做准备，这就说明了前后台行为之间的这种交叉。[15]这种交叉不仅在日常生活中越来越多见，并且有些在以前被认为是不适宜的公众行为，或者按照戈夫曼的说法，那些仅限于出现在后台的行为，也与前台行为相互交叉。

◎ 机器人、谈话与共同在场

在前文中，我谈到了职业和私人生活的日益数字化和网络化。数字技术和多元扩展网络的发展对面对面互动造成了巨大影响。如今的面对面互动日益分散在数字媒介互动之中。远距离通信的兴起以及新技术的广泛应用改变了个人的工作和生活方式，数字互动补充甚至取代了面对面共同在场的互动。诚然，正如约翰·厄里（John Urry）对此现象简洁有力的归纳：现代机构的组织结构已被新兴数字技术"击得粉碎"。[16]

现在我们再将目光转向当今数字生活中日益重要的自动行为模式。一些分析家估计，目前有 60％ 以上的互联网总流量是由机器产生的，包括机器人程序、网络爬虫、黑客工具以及垃圾邮件群发。通过大量对通信数据的分析可以推测出，自动服务和平台除具有信息传递功能之外，其社会影响力十分有限。人们普遍认为软件服务和自动拨打电话等自动操作与实际社交相差甚远。但现在看来，使用手机应用程序、自动讯息发送系统不仅仅是使用其功能，此类自动活动（通常远距离进行）日益与面对面交流并行，由此为现实和虚拟之间进行跨领域活动提供了新的可能性。

数字生活中的自动行为最重要的发展之一就是聊天机器人的兴起。在人工智能技术的驱动下，聊天机器人成为互联网具有代表性的新应用。机器人程序是消息接口或捆绑代码的一种形式。聊天机器人通过文字或语音界面接收和执行任务，并与用户互动。目前已有各种不同类型的机器人能够自动对话、汇报或执行工作流程。内容机器人可以收集并推送精选内容，例如向用户推送新闻报道；饮食机器人能订餐并安排配送；电子商务机器人可以推销商品并改进服务；交易机器人可以提供金融服务；工作流程机器人可自动执行销售、运营、财务和管理环节中的业务工作流程并生成交易报告；应用于物联网的机器人还可以帮助人们连接他们的设备、汽车和智能家居。比鲁德·塞斯（Beerud Sheth）曾对聊天机器人在工作和个人事务方面的助益做了如下总结：

> 机器人程序理顺了我们杂乱无章的移动设备使用体验。当我们需要了解或处理某件事时，机器人会向我们发送消息，但在其他时候则隐身待命。机器人程序位于云端，并不断自动升级新的功能，用户无需进行任何操作。机器人程序可以相互交流，并能相互连接，依次执行一系列操作。某些机器人程序可以监管其他机器人程序，由此形成机器人程序间的层级结构。你的个人机器人能根据你的个人偏好代表你监管其他机器人。你可以授权机器人代表你进行自动操作。购物、日程安排、监控和发送讯息等事情都可由机器人基于你的个人偏好代为操作。[17]

相当数量的应用程序开发人员已转向（或正转向）机器人市场。在当今高度数字化的生活中，尽管机器人能帮助人们控制或梳理巨大的信息流，但其作用很难说是中性的或有益的。戴维·比尔（David Beer）曾在书中写道，算法的力量可塑造社会秩序。他指出，正是由于拥有选择、整理、分类数据的功能，智能算法使得人们看好其在计算客观性方面的前景。[18] 机器人技术的其他令人失望之处，尤其是在与社会组织和民主相关的方面，我们将在第六章进一步探讨。

人工智能、信息科学以及整个社会科学领域关注的一个中心问题是，这些自动交互程序在输出方面究竟有多少创造力。传统意义上，创造力具有内在性特征。尽管创造力可能是独立的、源于个人的，但最近越来越多的研究强调，人类创造力实际上受制于其所处的环境。从这一点来看，与其说创造力是一种自主实体，倒不如说创造力是一种关系实体。在创造力以及想象力的生产和再生产过程中，他者、资源、流程和社交网络都是不可或缺的因素。如果我们所说的"他者"包括人类和非人类，就会引出这样一个难以回答的问题：聊天机器人在其日常"社交活动"中是否表现出创造力？可以说，其他任何历史时代，都不及如今的高科技时代，这里充盈着富有创造力的生活方式，并且人们对此的狂热和迷恋也是前所未见的。技术社会，尤其是通过人工智能驱动的技术社会，渴求的是具有无限韧性、适应性和创造力的人类。至于聊天机器人，则可被视作在传统和后传统视角中对创造力进行理解的一个突破点。道格拉斯·霍夫斯塔德（Douglas Hofstader）认为，创造力是一种能使主题富于变化的能力。[19] 聊天机器人在大多数情况下执行的是一系列相对固定的代码，但随着聊天机器人实现多变性的可能性越来越大，我们也可以理所当然地认为自动服务将成为社交生活中至关重要的互动资源。

在这里，我还应该提到，虽然文本机器人最为常见，但目前语音机器人的发展势头也向好。当前位于生态圈核心的几类智能聊天机器人是：亚马逊 Echo 智能音箱、苹果 Siri 智能语音助手、脸书即时消息软件 Messenger 中的虚拟助理"M"以及谷歌智能助理。虽然这些会话助手在操作上非常基础，但其会话方式与人类对话有一定相似度。未来会进一步发展出更先进、对人类模拟度更高的聊天机器人。例如，谷歌工程总监、奇点运动发起人之一——雷·库兹韦尔（Ray Kurzweil）就开发了一种名为丹尼尔（Danielle）的聊天机器人，它在对话特征上与人类对话具有高相似度。其中尤为重要的是，谷歌的机器人技术将推动人类身份向机器人上转移。将数据直接导入机器人软件中，人们即可实现对机器人的个性化定制，这也是人工智能技术的最新发展成果。正如库兹韦尔所言："如果你在博客中输入各种个人数据，就可以在其中创建一个体现自身个性的人，可以表现你的风格、个性和想法，机器人会被赋予这些个性。"[20]

许多夸大机器人社会影响的主张，其核心是一种技术乐观主义思想。[21]众多科学学科和公共领域的讨论，都有力地显示了从广义上的人工智能到具体的聊天机器人将如何增进我们对自身行为的全面认识。实际上，技术乐观主义者认为，聊天机器人比我们更了解自己。相比之下，库兹韦尔的观点就显得更为客观清醒，他指出，聊天机器人的交流水平尚无法达到人类正常面对面交谈的程度。但同时库兹韦尔也认为这种转变在不远的将来会发生，他预计 2029 年在人工智能技术推动下，机器人沟通水平将达到人类水平。

人工智能和基于软件的聊天机器人实现与人类相同水平对话的可能性引出了以下种种问题：未来的走向有了多种复杂的可能性，社会和系统相互依存的关系有了新形式，对话的本质以及连接方式将发生长期的、大规模的转变，此处的对话不仅指人与人对话，还包括人机对话。用谈话维系社交生活，可被视作沟通发生转变的鲜明例证。正如狄德瑞·博登（Diedre Boden）所写，我们的社交正是通过"交谈、交谈、再交谈"实现建立和重建。[22]面对面交谈不仅是一种信息交换的方式，也是我们进行其他许多工作的方式，例如订立合同或筹备会议。面对面交谈时，参与者都期望获得他人的关注，这也是共同存在的核心准则之一。在现在和未来，这种准则可能或多或少被解构。换句话说，聊天机器人，或者说基于机器的对话，开创了"新的社交规则"。一方面，很多对话本身可能是适用于机器的。举例而言，借助一些话语设计，聊天机器人有能力订购比萨饼、订票、确认预订等。这说明，在特定情况下，机器对话可能会取代面对面交谈的需求，由此，面对面交谈中相互关注带来的负担感会随之减轻。

另一方面，聊天机器人的出现也是因为非人格化信任的重要性日益凸显，以及在不经意间，我们的生活正向吉登斯（Giddens）等人构建的复杂抽象体系转变。吉登斯认为："随着抽象体系的发展，对于非人格化原则以及匿名化他人的信任将成为社会存在中必不可少的因素。"[23]展望未来，人们会发现聊天机器人将会构成重要的抽象体系之一。像聊天机器人这种抽象体系带来的信任感，在社会组织的日常可靠性方面提供了一种新的保障形式。当人们用聊天机器人预约、订票、自动回复电子邮件或重新安排会议时，意味着人们默认数字系统有能力协调和处理生活中的大部分事务。与面对面交谈不同，与聊天机器人互动免去了在常规交流中"共同表演"的负担。由此，信任的产生不再强调相互回应、参与度和专注度，而是在以数字设备（如聊天机器人之类的抽象系统）为媒介的交互中实现，此时信任源于非人的功能性机制。人们有一种对非人格原则的绝对信任，当然，当自动行为失控时，这种信任将消失。因此，复杂、紧绷又脆弱的社会生活模式就成了我们关注的焦点。随着人际距离越来越遥远以及人际关系的日益网络化，通过数字系统与他人（熟人、同事、朋友以及家人）建立信任感变得尤为重要。聊天机器人因此被认为具备将个性化、尚未完全定型的自我重新嵌入数字系统中的能力，在此过程中，为了达成信任，需要多种非人格化机制发挥作用。这种转变的早期产物是电子商务平台 e-Bay。为建立信任，e-Bay 建立了包括卖方评级和相关客户反馈回路在内的各种非人格化评价机制。如今，聊天机器人的应用使得这种非人格化原则不断扩展，并成为促使网络化和远程化的社会关系在整个社会中进一步沉淀和分层的主要手段。

93

在这个人工智能密集分布的世界中，参与者共同在场的对话情境会发生怎样的改变？机器对话（如聊天机器人）本身在多大程度上有助于对话的重构？关于言论和对话的理论应该被视作机器语言理论吗？随着人工智能技术在自然语言处理方面取得进展，这些都是我们需要应对的问题，也正是这些问题迫使我们以新的方式审视人类会话与机器语言之间的关系。

当自动机器会话出现故障或失效时，我们更容易理解日常对话和自动机器对话之间的差异。例如，亚马逊开发的语音助理 Alexa 就曾意外记录和传播人类对话。这个案例发生在 2018 年，当时被媒体广泛报道。美国俄勒冈州波特兰市的一个家庭收到一个熟人来电，建议他们断开其家中亚马逊 Alexa 的网络连接。原因是，该设备记录了屋主家中的私人对话，并且以随机的方式转发给了联系人列表中的某个人。被记录下来的对话虽然只是生活中的普通对话，但评论家很快就据此做出消极预测，认为未来聊天机器人可能会用于监视人类。但在此处，我关注的重点不是人工智能与人类隐私间的关系，而是想通过本章所提到的一些观念解析数字设备会记录人类谈话并随机转发给其通讯录中任意好友的这一实例。这些观念有助于重新理解人际日常对话与人工智能设备所使用的机器语言之间的关联。

让我们回到戈夫曼的理论。由于戈夫曼对社会互动的规则进行了非常全面的分析，他在著作中阐释了日常对话的特征。在理解对话的持续和再现方面，戈夫曼做出的最有力的贡献在于，他研究了人类主体在对话沟通和社会互动相互协调过程中所展现的高超技能。然而在以技术为媒介的沟通中，这种基于日常对话经验的连贯交谈却难以顺畅和有序地实现。日常对话中充斥着大量意外事件和犹疑不定的时刻：人们唐突地插入（且经常打断）对话流；话轮转换并非井然有序；构成对话的话语通常是碎片化的。相较之下，人类的沟通技巧更能应对日常对话的复杂情况。

现在我们将日常对话语言与机器生成语言进行比较。配备自然语言处理程序的机器对话在性质上与人类日常对话相差甚远。机器生成语言是预设程序的一部分，由于限定在此程序框架内，即便对话中出现较小的意外情况，机器也无法较好地应对。这些程序原本旨在根据对话者的需求表现出"即时会话"的样子，但实际上，机器对话中的语言来自庞大的代码数据库、脚本语言和网络对话数据。例如，聊天机器人和虚拟个人助理的数据库中甚至预设了针对晦涩话语的"恰当答复"。布莱恩·克里斯蒂安（Brian Christian）在其著作《最具人性的人类：人工智能教会我们如何生存》中如此评价机器对话："你得到的是数十万次先前已有对话的拼凑，是一种对话的混合物。它由人类的对话组成，但却不同于人类的对话。事实上，用户正在与一种人类的混合物（或是说人类的幽灵）交谈，究其本质，都只是对过去话语的重复。"[24]

只有在认识到聊天机器人和虚拟私人助理相对完善的语音模式独特之处的基础上，我们才有可能体会到这种技术是如何消除日常对话的复杂性的。自然语言处理软件（如 Google 智能程序 Duplex）已取得了巨大的技术进步，相比之下，日常对话却不似这些人工智能生成的对话那样有序和完美。在处理对话中的话轮转换时，人们通常不会一次性地完整说出要表达的内容，这种举动本身体现了对话参与者在共同在场的情境下互相交谈和倾听时表现出的高超技能。正因如此，机器语言由于其线性的、程序预设的特性，不足以模拟人类日常社交活动的整体特征。例如，我们可以看看亚马逊针对其产品 Alexa 记录并转发波特兰一家人的私人对话这一现象所给出的解释：

> 由于背景对话中的一个单词听起来像 "Alexa"，设备被唤醒并给出回应。接着，随后的对话被识别为 "发送消息" 的请求。这时，Alexa 大声询问："给谁？"接着背景对话被识别为是在说用户联系人列表中的一个名字。然后 Alexa 大声确认："是 ［联系人姓名］吗？"随后，Alexa 将背景对话理解为 "是的"。[25]

许多评论家认为，人工智能自然语言处理技术的下一个挑战是，以一种技术上无失误的方式应对日常对话的非对称性、无常性和自发性。但是，这在技术上是否可行并不是我要关注的重点，我的观点是，正如维特根斯坦（Wittgenstein）所指出的，人类日常语言之所以准确，是因为它有具体的使用语境，而这一点，至少在目前，正是造成机器对话与日常对话之间巨大区别的原因。正如克里斯蒂安（Christian）所指出的，聊天机器人 "似乎在基本的事实性问题（如 '法国的首都是哪里？''巴黎是法国的首都'）和流行文化（冷知识、笑话和流行歌曲演唱等）上表现突出，但这些事情与说话人本身并无直接联系。在此情况下，机器必定不会犯错。但是，如果你询问机器人它居住的城市，得到的答案是来自成千上万人对此给出的回答，是将各种地方信息进行拼凑的结果。此时，与其说你感受到你不是在与一个 '人' 交谈，你会更明显地意识到你不是在和 '一个' 人交谈"。[26]

◎ 数字变革的维度：门户、去同步化、即时性

面对面互动和数字媒介互动在行动框架方面的转变，推动了更广泛的社会变革。在这里我想谈谈其中的三个变化：首先是数字媒介化的人际关系，无论是职场关系还是个人关系，在形式上都比面对面互

动更具移动性；第二是数字生活的去同步化和个性化；第三是数字媒介互动的时间跨度缩短。接下来让我们对这些发展变化进行详述。

"移动"是指个人从固定的地点或位置移动，对个人身份进行重塑，使其具有分散性和流动性的特征。纵观历史，可以说，个人身份认同的构建或多或少是通过与他人的面对面互动来实现的。人类社会关系通常是在从地缘上接近的社群间展开的。在本章的前一部分中，我强调了，基于能连接多个社交空间的互联网技术，如今数字技术创造了让天南地北的人们也能即时交流的新形式，但这并不简单地意味着面对面互动的重要性的下降，相反，这意味着面对面互动越来越多地为数字媒介互动所补充。如今的社交生活是两种相互对立的互动方式的复杂混合，一方面我们能与他人共处一室（如家中或办公室）进行面对面互动，另一方面也可借助文字信息、图像、虚拟对象等，通过数字设备的荧幕与他人实现网络在线互动。

"移动"同时也意味着个人被重新塑造为一个门户，这种变化通过移动设备反映出来。在 Facebook、LinkedIn 和 Twitter 等数字平台上，个人通过网络连接建立社会关系。移动设备（如智能手机、平板电脑）的普及意味人们的社交方式已从固定位置社交（如借助办公室座机电话社交）转向更具移动性的社交方式（基于无线技术和国际漫游的社交）。巴里·韦尔曼（Barry Wellman）曾写道："手机将人类从地域限制上彻底解放出来。"[27] 随着越来越多的人在"移动中"使用智能手机，进行语音通话、发短信、发送电子邮件以及使用社交媒体，社会关系愈发显示出流动性、灵活性和混合性的特征。实际上，智能手机已经"液化"了世界，使之更具有流动性。据估计，不仅移动电话的数量超过了座机电话，当今世界三分之二的人口在使用移动设备社交。以数字技术为基础，由软件操作的移动通信的普及，已经改变了当代社会和社交关系模式，其影响不可小觑。

"去同步化"的概念意味着用更即兴和临时的方式替代某些传统的社会关系组织方式。在数字社会中，生活方式的多元化和交流环境的多样化意味着"活动的不断协同和规划"成为社会关系基本组织方式的核心。在以数字技术作为社会活动的核心和重要构成部分的世界里，人们在"移动中"构建生活，随着即时通信地点的不断变化和信息的更新，社会关系组织特点从"准时"转变为"协调时间"。这种新的工作方式甚至生活方式，都强调了不断"对时钟时间进行修改"，例如我们会通过短信、电话或电子邮件与同事或朋友沟通以重新调整（且通常是在最后时刻）先前约定的会议或见面时间。如今要使社会生活顺利进行，往往会涉及对会议、事件、约会、出游和假期的安排与重新安排。简而言之，由于在数字时代，人们能重新协调其社会关系的时空布局，去同步化展现的是一种适时而动的即时性的生活方式。[28]

"去同步化"还指以一种自主的、个性化的方式，通过不断建立和重建联系来构建并深化个人的社会关系。几年前，我与美国社会学家查尔斯·莱默特（Charles Lemert）合著了一本关于身份的书《新个人主义：全球化下的情感代价》。[29] 在书中我们提出，全球化凭借其惊人的技术创新、"全球实时化"的创举、通信同步、数字技术以及世界范围内的金融流动，引入了一种新的能够适应即时变化、即时满足和应急反应需求的个人主义。我们所说的这种新个人主义与此处提到的社会关系去同步化中的生活规划和自主性的活动规划有直接联系。在数字生活中，社会关系呈现出网络化的特点，处于社交网络中的自我须依照惯例时常重复连接和断开、登录和注销的操作。换言之，当代人面临着社交生活的复杂性，他们知道（有时是明确地，更多时候则是隐藏地）必须找到方法来将自己的数字生活方式与重要他人（如家人、朋友、同事）的网络世界联系起来。

"短暂"是一个瞬间的概念，并以前所未有的速度渗透到社交生活中。米兰·昆德拉（Milan Kundera）曾写道，技术革命使我们对"纯粹的速度，实实在在的速度，令人出神的速度"感到着迷。[30] 讲求"纯粹的速度"的在线世界允许建立快速连接甚至以更快的速度断开连接，这正逐渐弥补面对面互动的固态特性，省去其带来的等待时间。不断加剧的社会加速式发展不仅仅是新文化价值观的产物，更源自当代社会制度和组织生活的构建方式。全球化提供了高速模式的数字互连、快如闪电的信息技术和按需生产的全球化生产流程。全球化的这些影响已经渗透到我们目前的生活方式中，从而缩短了社会互动的时间。从马克斯·韦伯（Max Weber）对传统官僚机构中职业终身制的分析到齐格蒙特·鲍曼（Zygmunt Bauman）所说的全球网络组织中的合同短期化，在这一转变中我们可以看到，随着短期行为的爆发式增长，当代世界中的人类忙碌着，挤压着时间，也被时间追赶，感到愈加忙碌，也愈加烦恼。[31]

"短暂"还意味着选择项在短期内倍增，取代了长期的承诺。简而言之，这就是数字化多任务处理造就的世界面貌。新的工作、生活和社会互动方式更强调多维联系、偶然相遇、适应性聚集和灵活的友谊。多设备的使用使人们能够相对舒适地观看网飞影视剧、上网冲浪、发送讯息，指示数码管家操控家中的中央空调，预订餐厅或者选定假期游玩目的地，并且所有这些事项都可以同时进行。保罗·维利里奥（Paul Virilio）曾写道："我们如今生活在一个刻不容缓的时代。"[32] 在维利里奥的基础上，我想做这样的补充：我们生活在一个无限增长的时代，也就是说，数字生活与持续增长的经验、活动和实验行为错综交织在一起。电子邮件、地图定位、应用程序和机器人……在诸多数字设备中，个人是进行跨设备交流的活跃参与者，希望开启人生计划，实现商业创新，寻求与数字设备的亲密关系以及拥有各种时间跨度相对较短（且正在进一步缩短）的生活体验。

◎ 数字噪声时代：沉默是金？

在充满数字噪声和通信不间断的时代，是什么赋予了沉默以价值？在《缺失的终结：从链接一切的迷失中找到归途》[33] 中，加拿大新闻工作者迈克尔·哈里斯（Michael Harris）认为，如今人们经常被数字设备的震动声分散注意力。哈里斯说，数字变革开启了独处的终结、缺席的消失和匮乏的丧失。如今，随着独处时间和做白日梦时间的消失，我们与这个世界中事物的相遇已彻底数字化。哈里斯感叹道，人们很快会忘记数字连接之前的生活是何种面貌。对哈里斯而言，文化在很大程度上呈现为人造的表象，是一个无止境的自我追踪的世界。在数字化占主导的文化环境中，我们更热衷于通过监控软件来计算卡路里，而不是单纯享受我们的食物；在社交网站上发布的动态显示出，我们更关注的是上传的社交活动照片，而不是想真正投入到与他人的对话之中。哈里斯认为，这一切最终导致的结果是我们将失去文化创造力和个人创新的可能性。对此，他写道，我们感到自己逐渐走向隔绝，"在最空虚的时刻，脑海中不会再自动冒出各种想法，也不再有呆望着火车窗外或站在一块草坪上观察天空的时刻"。[34]

有什么方法能扭转这种状况呢？哈里斯表现出了对我们曾有过的社交生活的怀念，但也乐观地认为人们可以通过其他方式改善这一状况。在对数字时代修道式生活的呼吁中，哈里斯建议开展全面的"数字排毒"。他强烈倡议人们定期断开网络连接，定期停用 Facebook、Skype、Twitter、短信、电子邮件或谷歌搜索。他在书中写到了自己为期一个月的网络休假生活，在那段时间里，他摆脱了数字信息的干扰，转而专注于他认为更重要的任务。摆脱了无尽的数字信息束缚后，他可以阅读列夫·托尔斯泰的《战争与和平》。有趣的是，哈里斯也承认，退出数字世界的过程并不顺利，他经常发现自己的眼睛会不自觉地瞟向智能手机，查看数字网络中正在发生什么。但最终，哈里斯暂别网络世界的尝试收获颇丰。哈里斯说，我们需要用人际互动代替短信沟通，从网络发帖更新生活状态转向与他人面对面谈论我们的生活以及近况。

哈里斯叹惋数字化对我们的生活以及我们与世界的接触造成的深刻影响，这也再次说明了一种颇有影响力的观点，即技术造成了社会生活的碎片化以及人与人的隔绝。随着人们的社会生活领域逐渐缩小，日常生活中数字网络和平台的占比不断扩大，自我开始向内部收缩，人们因此无法成功地与他人相处。这种观点最早可追溯至 15 世纪下半叶，当时正值约翰内斯·古腾堡（Johannes Gutenberg）开始试验新的印刷技术的时期。正是在这段时间里，古腾堡创新的印刷技术在欧洲推广开来，推动了出版社在德国、意大利、英国、西班牙、法国等地的建立。[35] 这些早期出版社除了大量印刷圣经，还出版古典神学和中世纪哲学书籍。许多评论家，其中包括著名的约翰尼斯·特里特米乌斯（Johannes Trithemius），都对这些大批量出版的书籍及其对宗教抄写员造成的冲击深感担忧。尽管教会和国家政权都为了各自的利益，出手干预新生的出版产业，但他们的控制手段有限，最终受到威胁的是宗教和教会的权威。

在我们今天所处的数字时代，对印刷术的出现可能破坏宗教信仰的担心已经演变成对人类认知和思想本身是否会破碎的焦虑。哈里斯指出，我们正处于自身的古腾堡危机中，曾经神圣的主体性被频频响起的社交噪音打碎了。在前面的章节中，我已经对部分观点表达了不同意见，我并不认为数字技术会造成公共领域空洞化，使得个人因数字设备以及大量的沟通需求分散注意力。哈里斯错误地认为，当数字技术的产物进入人类日常生活中，不可避免地会对社会产生退化性和侵蚀性的影响。事实上，在数字生活中可能确实存在着许多人们受到束缚和注意力分散的情况，但这同样可以成为社会反思的源泉，而不是障碍。最近的研究表明，许多人正借助数字化和预先建立的社会交互形式的相互作用，积极寻求重塑其身份和社交关系的新形式。在数字设备的围绕中长大且在人际交往中应用数字技术的年轻一代身上，重塑行为得到了尤为突出的体现，当然数字化重塑对于老一辈人来说也可以成为动力源泉。哈里斯研究的中心主题之一——沉默的销蚀——就可以说明这一点。一方面，数字噪音毫无疑问是当代城市生活中普遍的现象，例如，有人在拥挤的列车上不插耳机使用 Skype 通话，又如，在电影院和剧院中，总有移动设备不合时宜地发出声响。另一方面，数字技术使社会和都市生活实现了新的发展，且一般通过沉思和独处的方式实现，这在传统的社会互动形式中是无法达成的。作为例证，我们可以看看世界各地的美术馆和博物馆，这些地方配备有能够满足多种兴趣需求的数字化设备，当然也提供能让人们安静沉思的空间。

第五章
现代社会、移动性与人工智能

人工智能和先进自动化等复杂数字系统在全球的普及带来了应对不确定性和风险的新挑战。例如，自动驾驶汽车就面临着这样的挑战，这些挑战涉及多个反馈回路。2018年初，两起交通事故引起了全世界的关注。2018年3月18日，一名女子在美国亚利桑那州坦佩市被一辆使用自动驾驶模式的优步测试车撞死。同一周晚些时候，2018年3月23日，一名司机因驾驶特斯拉Model X在美国加利福尼亚州的山景城发生车祸，当场死亡，而司机当时启动了自动驾驶辅助系统。面对大量类似的死亡事故以及驾驶技术的复杂性，批评者对硬件和软件的系统性能表达了各种各样的担忧。[1]一些批评人士指出，有关人类监控程序的规定存在缺陷。自动驾驶汽车所提供的系统复杂性、算法和行驶指示是诱人的，但是风险仍然存在，因此人们对自动驾驶系统的过度信任是错误的。其他批评人士对自动驾驶汽车的测试项目提出了重要质疑，认为监管机构和生产商必须采取更多措施，提高测试效率。[2]例如，理查德·普里丁（Richard Priding）认为，"公众应该向监管机构施压，要求制造商为自动驾驶汽车制定合适的标准，这样制造商就可以依据这些标准对自动驾驶汽车进行测试，并提供必要的证据，证明在公共道路上使用这些自动驾驶系统是足够安全的"。[3] 一些批评者认为，自动驾驶技术仅有复杂的系统是不够的，重要的是如何解决公众提出的各种问题，同样重要的是自动驾驶汽车的复杂数字系统中分配给个人（即乘客）的位置。

自动驾驶技术的问题也存在于其他复杂的自动化系统。以空难为例，在《玻璃笼子：自动化与我们》一书中，《哈佛商业评论》的前主编尼古拉斯·卡尔（Nicholas Carr）认为，自动化技术可造成而且经常会造成令人震惊的事故。[4] 卡尔关注的是 2009 年法国航空 447 号班机在南美洲于大西洋坠毁的事故，机上人员全部遇难。这架飞机当时开启了自动驾驶系统，在进入风暴地带时，飞机的空气速度传感器结冰，自动驾驶系统关闭。飞行员大吃一惊，拼命想重新控制飞机，但却没有成功。对于卡尔来说，法航 447 号班机体现了一个矛盾，即自动化带来了自由却弱化了人类的专业技能。卡尔说，智能算法带来的奇迹般的好处会使人反应迟钝，并可能导致人的去技能化。[5] 同样，小西德尼·J. 弗里德伯格（Sydney J. Freedberg Jr.）也写到了这种"人造的愚蠢"。[6] 他说，人类的主观判断在人工智能面前荡然无存，挑战智能算法的信心将会缩减。小弗里德伯格认为，技术专家一直在让复杂自动系统中的人类输入最小化，但实际上我们需要的是深化人机交互，以加强各自的优势。

任何成功的人工智能战略的核心都必然是社会和政治参与下的技术创新，机器人和先进自动化也是如此。政策制定者必须在针对此类创新的政策制定和监督方面发挥重要作用，比如建立公共问责制。在复杂数字系统的背景下，我们需要重新提出这一点。在这一章中，我会讨论将人工智能和机器学习相结合的复杂系统融入动态社会组织中的问题，特别是关于移动和静止的问题。在本章的前半部分，我将重点讨论自动化移动，特别是自动驾驶汽车，在本章的后半部分，我将重点讨论军用无人机和杀人机器人。我认为，我们不能对复杂的数字系统不闻不问，我们如何适应和应对已经出现的新技术是至关重要的，对日益自动化的技术文化的评判进行评估也是同样重要的。

◎ 自动驾驶汽车：谷歌汽车

当前全世界对通过自动驾驶技术控制车辆的可能性、乐趣和危险充满着兴趣，而这种现象代表了汽车系统发展的一个巨大断裂。从 20 世纪初汽车开始发展，到 20 世纪 30 年代开始出现大面积的公路的铺设，汽车被认为是一种自动驾驶的交通工具。[7] 作为新兴的现代技术文化的一部分，汽车迅速成为一种被购买和奖励的消费品。作为一种不需要专业驾驶员的交通工具，汽车最初是作为一种"自动移动系统"（根据约翰·厄里做出的描述）进行开发的，在这种系统中，驾驶者可以往来于（不断扩大的）家、工作地、商务和休闲场所之间。自动驾驶系统的创新将会改变汽车和驾驶者之间的联系。关于自动驾驶汽车的猜测并不新鲜，人们已经通过科幻小说、艺术图像和符号以及贸易博览会对其进行了广泛的探索。1939 年纽约世界博览会是最早描绘自动化高速公路系统的展览之一，通用汽车公司的"未来世界"展品向人们展示了这一系统。到了 20 世纪 50 年代，各种各样的流行机械杂志纷纷预测会出现技术嵌入式高速公路来支持自动驾驶汽车。1968 年，科内尔航空实验室发明了 Urbmobile，这是一种利用路边地磁仪和大型计算机进行驾驶的电动汽车。[8]

然而，自动驾驶汽车的重大技术突破直到 2010 年谷歌汽车的发布才真正实现。谷歌是 21 世纪初迅速发展的数字技术的先驱，随着谷歌汽车的到来，这个互联网巨头变成了全球自动驾驶汽车的中心。谷歌汽车很好地说明了吉滕德拉·巴杰帕伊（Jitendra N. Bajpai）所坚持认为的，即虽然"可能听起来像小说，但借助机器人旅行的现实已经到来了"。[9] 正如巴杰帕伊的阐述：

> 无人驾驶汽车或自动汽车，配备有雷达、摄像机、传感器和通信设备、算法计算和地图，这些设施能够让车辆转向，使车辆保持在其车道行使，和前车保持安全距离，自动刹车，辅助停车，阅读路标以及和其他车辆进行交流。[10]

谷歌汽车实际上是基于软件和硬件系统的一种复杂组合，配备视频摄像机、雷达传感器、激光以及使用谷歌地图进行地点导航的功能。它是一种高科技车辆，可以自动调整以适应动态交通环境，不需要司机干预，并可以即时对当地的交通法规和环境障碍进行考量。[11]

我们目前基于各种自动驾驶技术实验的汽车系统，已经发展到了临界点。谷歌的自动驾驶汽车在美国四个州的公路上进行了超过 200 万英里（超过 300 万千米）的行驶测试，这大致相当于 300 年的驾龄。自动驾驶技术的创新并没有随着阿尔法伯特公司（Alphabet）启动的汽车项目而结束，许多传统汽车制造商也在自动驾驶技术上投入资源并进行试验。无数的试验正在美国和欧洲的城市中进行，包括特斯拉的半自动驾驶的 Autopilot 功能和梅赛德斯的司机辅助技术。戴姆勒、沃尔沃、通用、福特和捷豹等公司，已经开发了司机辅助技术，如停车、巡航控制、碰撞规避和车道保持等。宝马等公司已表示，未来10 年，司机辅助原型车将转向全面自动驾驶技术。与此同时，据一些分析家估计，谷歌汽车将于 2020 年投入市场。[12]

因此，通过钢铁和石油汽车实现的自动移动系统正在经历广泛的和多重的重组，并且在未来几十年中极有可能被自动驾驶汽车取代。在接下来的内容中，我简要地考察了这个新兴的自动汽车系统的一些特征，着重关注它对社会和个人生活的核心时空维度的重构，其中，需要强调五个中心论点。

第一，自动驾驶汽车不仅是用来将乘客从 A 点送到 B 点的运输工具，而且是众多先进技术相互联系的关键部分。嵌入算法和通信技术的自动驾驶汽车，与智能道路系统和高科技高速公路基础设施相互连接，这些道路系统和高速公路基础设施也越来越多地采用通过无线网络技术进行计算机控制的技术。自动化车辆结队技术就是一个很好的例子。最近的研究表明，在智能交通网格上对计算机控制的车辆进行结队，将道路的通行能力几乎提高了 500%。[13] 随着自动驾驶汽车像首尾相连的火车车厢一样在智能电网高速公路上飞驰，现有道路的承载能力将大幅提高。由于汽车之间的距离将由计算机控制，许多路标和指示信号将被淘汰。所有这些变化对公路运输的影响是巨大的。随着车辆之间通信系统的发展，智能交通十字路口将大大限制道路上加速和减速的"车流波"。道路交通由此更顺畅，比如，高速公路出口堵塞消除，交通拥堵减少，以及随之而来的运输车队和物流服务效率提高。[14] 简而言之，自动汽车系统改变了汽车和道路之间的关系，大大增加了道路通行量。

第二，新的自动汽车系统将显著提高道路行驶的安全性。这些技术的社会效益不仅包括提高运输系统的效率从而提高经济生产力，至关重要的是，它还涉及民众的福祉及安全。据估计，2017年全世界有近130万人死于道路交通事故，平均每天有3287人死亡。[15] 接近90%的交通事故是驾驶员操作失误造成的，易受伤害的道路使用者，如占交通事故死亡人数的一半以上的是行人和骑自行车的人。[16] 在自动汽车系统中，人们退居技术之后，从而有可能消除数百万起道路交通事故。自动驾驶技术不会受到酒精的影响，也不会睡着或受到干扰。尼迪·卡拉（Nidhi Kalra）和苏珊·帕多克（Susan M. Paddock）认为，自动驾驶汽车比人类驾驶员表现得更好，因为它们的感知能力得到了改善（如没有视觉盲点），决策能力得到了加强（如能对诸如平行停车等复杂驾驶动作进行更好的规划），驾驶执行能力得到了提高（包括对转向、刹车和加速的更快、更精确的控制）。[17] 防碰撞技术已经大大降低了道路交通事故的发生率，据估计，近年来欧盟的道路交通事故减少了30%。因此，自动驾驶技术有可能通过消除人类司机经常犯的许多错误而起到显著改善公共健康的作用。[18]

第三，自动汽车系统是一种破坏性创新，它对许多行业造成了威胁。这一点直接来自前面的两点，也就是说，自动驾驶汽车带来的道路安全性的提高不是在社会真空中发生的，它会引起各种各样意想不到的后果，也会对相关的社会系统造成影响。目前和今后自动驾驶汽车对行路安全性的提升很可能导致保险费、急诊住院费、汽车碰撞修理费以及交通执法和治安方面费用的大幅削减。[19] 汽车保险公司尤其容易受到冲击，在美国，每年支付的个人汽车保险费超过2000亿美元，由于半自动和自动汽车的安全性得到改善，这一数字将大幅下降。除了可能对保险和医疗保健产生冲击之外，自动驾驶汽车与许可证管理机构相互连接，由于计算机控制驾驶避免了人为错误，这将在很大程度上消除违章罚单和相关罚款的必要性。此外，自动驾驶汽车将减少城市停车的压力，汽车闲置时，将自动停泊在较远的地点。[20] 简而言之，汽车以往锁定的关联系统正在遭受巨大破坏，未来几十年，自动汽车系统与相关行业的共同发展，将带来新的"锁定"关联系统。

第四，自动驾驶汽车将极大地减少人们消耗在路上的时间以及他们在自动驾驶状态下的行为方式。[21] 总的来说，交通方面的主流研究认为旅途中花费的时间（无论是乘坐汽车、火车还是飞机所花费的时间）就是浪费的时间，[22] 然而，这类研究并没有考虑乘客在旅行途中所进行的各种相关的活动。最近的研究强调，人们在旅行途中同时进行着与工作和休闲相关的多种形式的活动。[23] 工作、阅读、学习、与他人交谈以及使用手机通信在商务旅行和休闲旅行的人群中都是非常普遍的活动，而且这些与旅行有关的活动往往是由乘客在出发前就提前计划好的，有时甚至计划得非常详细。[24] 随着自动驾驶汽车的到来，驾驶不再依赖人类，上述活动又会如何发展和深化呢？一些关于自动驾驶汽车的早期研究发现，随着驾驶员从驾驶中解脱出来成为一名乘客，自动驾驶模式有望成为私人的新模式。[25] 乘坐自动驾驶汽车的乘客能够不受干扰地活动，如工作、阅读或计算。同样，自动驾驶汽车将为社会互动开辟新的可能性。在不需要人类驾驶员之后，汽车内部的座舱将在设计和布局上进行重新配置，为工作、休闲和社交活动提供更大的灵活性。另一些研究谈到了我们在乘坐自动驾驶汽车时应该做些什么。这些研究认为，首先，汽车会成为一个"栖身空间"，[26] 因此，自动化交通工具催生了一种新型的"栖身性"，[27] 这是一种高科技的茧状结构，乘客一方面通过智能电网和信息化道路系统与外部环境隔离，另一方面又被微电子和数字技术包围，其中包括网络、电子邮件、短信和社交媒体。未来的全自动驾驶汽车，无论多小，都可能成为出发地和目的地之间，不确定的现在和更安全的未来之间的一个避难所，一个私有区域。

第五，新兴的自动汽车系统有望减少碳排放量，从而产生显著的环境效益。[28] 大约三分之一的二氧化碳排放量都来自交通运输，但是半自动和全自动汽车将有可能减少燃料消耗和臭氧污染。[29] 今天的半自动司机辅助系统，如巡航控制系统，平均节省了 25% 的燃油。此外，汽车发动机方面的创新，例如那些使用低温室气体排放替代品（如生物燃料、液化石油气或压缩天然气）的发动机，已经大大提高了运输效率。通过启停来发电的，采用混合动力传动技术的汽车，其能效高达90％，而汽油发动机的能效仅为37％。除了电动汽车、电动摩托车和电动公共汽车等电动交通工具带来的效益，自动驾驶汽车还显著地减少了碳排放量，这首先是由于自动车辆结队技术提高了道路、隧道和桥梁的总体吞吐量，其次是由于未来自动驾驶汽车的重量减轻从而减少了碳排放量。

◎ 新式战争、无人机和杀人机器人

人工智能的进步不仅仅表现为自动驾驶汽车、智能电网城市和信息化道路系统的发展，也与战争、恐怖主义以及巩固现代社会打击有组织犯罪的日常管理有关。技术进步给我们带来了谷歌汽车，也给我们带来了 Packbot，后者是一种在全球反恐和军事行动中广泛使用的军用机器人。[30] 这种机器人主要用于收集危险军事地点的感官数据，在最近的伊拉克和阿富汗战争中就部署了超过 2000 个这样的履带式机器人。Packbot 由遥控控制，可以爬楼梯、翻越岩石，或者挤进弯曲的隧道。"9·11"事件，世贸中心被摧毁后，它被用来穿越废墟以搜寻幸存者；2011 年日本地震和海啸后，它还被用来评估福岛核电站的破坏程度。Packbot 从外表上看就是一辆机器人战车，配备了 USB 设备，可以连接各种传感器、摄像头、特种武器和其他军事工具，可进行遥控拆弹，执行危险的监视任务等。最新升级版的 Packbot 是一种被称为"勇士"（Warrior）的半自动杀人机器人，这是一种移动机器人平台，可以安装致命武器，也被称为"吃了兴奋剂的 Packbot"。[31] 各国国防部都在寻求如何利用军用机器人的优势，将其作为现有的武器、化学、生物和核系统的补充。

制造 Packbot 和"勇士"机器人的公司是美国的高科技公司艾罗伯特公司（iRobot）。该公司已经生产了 5000 多个军用机器人，而且这项技术也越来越多地用于非军事目的，如体育赛事的安保。但是，艾罗伯特公司不仅以生产军用机器人而闻名于世，它也以生产清洁机器人而闻名。该公司的吸尘机器人 Roomba 可以在没有人类指引的情况下为整个房子吸尘。许多人都听说过这种小型吸尘机器人，它一直受到媒体和公众的高度关注。[32]2014 年 Roomba 的全球销量超过了 1000 万。[33]这种机器人由一种可以将其派往各个房间的算法驱动，它安装了传感器，使其能够执行清洁任务，并能返回充电基站自行充电。该公司的清洁机器人还包括用于清洗地板的拖地机器人 Scooba，以及用来清理工厂地板上螺母和螺栓的重型清洁机器人 Dirt Dog。

作为一家企业，艾罗伯特公司有一个面向家庭消费者的市场部门和一个面向政府和军队做产品销售的工业部门。技术的发展历史见证了各种商业和军事的结合，而艾罗伯特公司将这种结合提升到了一个新的水平。根据地理学家奈杰尔·思瑞夫特（Nigel Thrift）的说法，今天我们目睹了"社会被一个安全-娱乐综合体奴役，一个永久充斥着战争和娱乐的时代"。[34]思瑞夫特将这些部分称为"同延性"部分：

> 第一个部分，由于战争与和平的二元对立被普遍的冲突状态所取代而产生，现在包括了一系列广泛的活动，从监狱和无数的私人保安团队，到新形式的预测性警务，再到日常生活中的多种形式的监视，这些都依赖于庞大的物质基础设施。在诸如"9·11"事件以及世界各地普遍进行反恐怖主义和反毒品战争之后，国防重新归属于这一部分，而不是相反。同样，娱乐部分的规模和影响力也在不断扩大，已经构成世界不可或缺的一部分。以消费类电子产品为基础，通过在大众休闲产业中，如玩具或色情产业，不断对愉悦空间进行创新性定制，通过品牌、游戏和其他空间实践，以及复杂的体验空间设计，娱乐已经成为生活中的日常元素，在所有年龄段中都是如此。[35]

如今，不难发现军事和娱乐产业之间的相似之处。思瑞夫特认为，在某种意义上，战争和娱乐正在成为同义词。由于全球媒体系统、视频游戏、全天候监控和信息定位技术的兴起，军事和娱乐产业在目标、程序、协议和操作原则方面已经更加紧密地结合在一起。[36]思瑞夫特提醒人们注意军事与娱乐产业结合的一个惊人案例，著名的电视连续剧《法律与秩序》是由美国国防巨头通用电气公司制作的。随着机器人革命和人工智能的进步，我们当然必须重新思考技术、军事和商业或私人之间的相互联系，以及它们与发动战争的手段之间的联系。

公众对新技术和战争的理解要么很少，要么被 20 世纪甚至往往是 19 世纪以来的概念和理论所束缚。当战争中的技术进步对军事事务、政治冲突和不断升级的世界暴力的变化具有重要意义的时候，对技术战争的复杂领域进行令人信服的分析就不仅仅是学术兴趣的问题了。根据马克斯·韦伯（Max Weber）的论述，现代社会科学的主要参数显示，必须在军事力量的背景下理解民族国家。[37] 按照这种观点，民族国家是一个在特定领土内成功地对人身进行胁迫的民族共同体。这种民族国家的概念在很大程度上是基于 19 世纪末 20 世纪初不断发展的复杂的世界军事秩序，强烈的政治冲突意味着各国在处理国际关系时或多或少地长期采用威胁或者部署有组织的暴力的方式。20 世纪见证了民族国家体系的发展，其中，两次世界大战释放了历史上最致命的暴力。用本尼迪克特·安德森（Benedict Anderson）的话来说，在这个体系中，国家垄断了对其"想象的共同体"的成员合法使用武力的权力。[38] 世界大战带来了大规模屠杀，数百万年轻人在极短的时间内丧失生命。

今天，民族国家和军事社会之间的联系已经大为不同，三个关键的制度层面的发展极大地改变了国际军事秩序：全球化、通信和数字变革（包括娱乐社会的兴起）、机器人系统。这些制度的变革有力地颠覆了民族国家垄断武力的能力。首先，在全球化兴起的背景下，民族国家垄断合法使用军事暴力的传统观念显然已经过时。全球化不仅扰乱了民族国家对贸易和金融市场等经济进程的控制，而且改变了民族国家处理军事事务的方式。在这方面，军事力量跨国化的影响尤其重要，因为士兵和军事专业人员现在需要与许多其他跨国机构和团体合作并相互竞争，这些跨国机构包括欧盟、联合国、联合国难民署、乐施会、无国界医生组织、国际红十字会，等等。[39]

与此同时，由于许多日常军事和安全活动被外包给私营保安机构，民族国家的暴力垄断地位受到削弱。大规模侵犯人权行为的有组织犯罪和准军事集团的数量日益增长，在这种情况下出现了安全机构的私有化。近几十年来，由于对暴力手段的忽视，由公共和私人、全球和地方行为者发动的战争已经发生了进一步的转变。暴力手段成本的急剧下降与通信革命和泛滥的消费主义文化同时发生。刀和手枪等武器通过互联网变得更加便宜和容易获得，许多基本武器现在可以在许多超市或五金店购买到。武器成为具有个性化、风格化的物件，有时甚至被当作"时尚配件"。

近几十年来，在许多方面，战争被重新定义为高科技事务。数字化是这一进程的一个关键部分，通过这一进程，技术变得军事化，并受到由人工智能驱动的许多不同类型的智能机器的挑战。[40] 支持实时通信的卫星技术在整个 20 世纪 90 年代的广泛部署是美国及其"军事革命"的一个重大转折点。新形式的网络中心技术（制导导弹、智能炸弹）日益成为战争工具，这些战争工具先后应用于海湾战争、波黑战争、科索沃战争，以及阿富汗和伊拉克战争。卫星作为复杂的监视系统和远距离杀伤系统而被部署。[41] 基于对海湾战争中使用计算机化武器系统摧毁伊拉克的反思，早在 1991 年，哲学家曼努埃尔·德兰达（Manuel De Landa）在《智能机器时代的战争》一书中就预测了认知结构从人类转移到机器的过程。德兰达认为："咨询能力和执行能力之间的区别在其他人工智能的军事应用中正在变得模糊不清。"[42] 战争变得前所未有的信息化，与监视技术、人工感知和自动化作战管理系统交叉重叠。德兰达已经敏锐地预感到：

> 机器人智能将以不同的方式和速度进入军事技术。随着人工智能的每一次突破，传统的战争计算机应用将变得更加"智能"。由于人工智能创造了新的方式让机器"学习"经验，针对不同复杂程度制定解决问题的策略，甚至获得一些"常识"，以便在思考过程中去掉不相关的细节，机械智能将再次"转移"到攻击和防御武器中。[43]

在这些全球军事力量从上到下转变的背景下，为了评估数字技术对战争的重要性，可以提出以下几个关键问题。现代国家在军事组织方面会多大程度上受到人工智能的支配？随着 21 世纪的到来，战争的技术工业化模式是否会变得更加普遍？在全球层面上，战争、机器人和移动性之间的关联是什么样的？这些关联又是如何与人工智能的其他特征联系起来的？这些问题虽然对当代社会和社会科学的现行发展至关重要，但却过于复杂，因此无法在此详细分析。接下来我将专注于为这些问题提供一些简要的答案，主要集中于战争、机器人技术和人工智能在当前和未来的交集。

首先，全球经济中自动驾驶汽车、自动武器系统和武器化无人驾驶飞机的巨大开支，为我们了解人工智能推动的政治和社会变革提供了重要的渠道。仅在美国，根据官方发布的统计数据索引，国防部就拥有近 11000 个不同类型和功能的无人驾驶航空系统，包括无人水面舰艇和无人水下航行器。[44] 那么，其他国家现在拥有多少无人驾驶航空系统呢？答案取决于究竟是什么构成了"武器化系统"，以及有哪些数字最多只能算作估算数字。2012 年，《卫报》报道了 11 个国家使用的 56 种类型的无人机，[45] 而这些数字只是当前全球军事秩序中人工智能影响力的一个缩影。让我们来看看也许更加有意义的武装无人机，关于这一方面，有更多的比较数据。根据 2015 年的一份颇具影响力的报告，目前有超过 10 个国家部署了武装无人机，包括美国、英国、中国、以色列、巴基斯坦、伊朗、伊拉克、尼日利亚、索马里和南非，以及两个非国家组织——哈马斯和真主党。[46] 根据这份报告，武装无人机俱乐部的数量达到了两位数的水平，这主要是因为中国的无人机技术比较容易获得，并且比美国的便宜。根据 2017 年的估计，到 2026 年，用于军事市场的无人机市值将达到 139 亿美元，从 2016 年到 2022 年，军用无人机市值将增长 39%。相比之下，军用无人机市值在 2014 年达到了 30 亿美元，预计 2021 年将达到 110 亿美元。[47] 这样的数字既令人眼花缭乱，又令人沮丧。但是，为了理解人工智能是如何成为全球军事事务的主要组织轴线之一的，我们需要在更广泛的社会、文化和政治背景下研究这些数字。

由军用无人机进行远距离监视和杀戮，这种现象在全球范围内广泛存在，其政治性质是由各种技术和信息因素决定的。无人机军事化的一个核心特征是以下事实，即通过算法获取和组织信息已成为发动战争的一种直接手段。除了分析通过分布式计算，由计算机控制的"智能炸弹"实施的"定点清除"模式之外，还必须考虑人工智能正在通过全球信息网络建立新的战争系统。许多关于新军事技术的研究都是基于对无人机行动小组的调查，[48] 包括计算机技术人员编写代码，编制自动化软件程序以及用于确保目标战斗人员在"刺杀名单"上被准确识别的算法。虽然研究人员在研究以计算机为媒介的战争时遇到了许多访问困难，但这些研究表明，大量的军事人员和技术专家一起合作，通过屏幕、卫星、软件程序和大数据可操作无人机行动小组来锁定敌方目标。德里克·格雷戈里（Derek Gregory）认为，无人机战争开创了一种"军事化的超视距制度"，其中数据的提取、归档是识别、锁定和处决战斗人员的基础。[49] 这种由人工智能和数据驱动的战争模式，通过一系列摄像机、屏幕和监视设备实现高度的可视化，计算机程序员、传感器操作员、任务情报协调员和无人机飞行员（坐在电脑后面）作为团队"杀戮链"的一部分，共同协作实现"精准定位"。人工智能和算法对军事战争进行全球重组的进程，从根本上改变了有组织暴力行为的社会和政治性质。至于人工智能会如何影响发动战争的手段，尼尔·柯蒂斯（Neal Curtis）指出，这是从多边国际关系和工业战争时代向单边跨国先发制人防御和算法战争时代的转变。[50] 另一种说法是，在从工业时代向信息时代的转变中，数字技术和人工智能领域深刻地重塑了尖端武器和战争手段的发展。

自动化军事决策的另一个后果是，新技术和人工智能的进步能够对当前和未来产生巨大影响。自从美国国防部发起军事信息技术革命以来，"精确轰炸""集中后勤""预测分析""战场态势"等作战语言的使用，以及定义战争机构参数的"系统之系统"的出现，使算法和编码重塑了军事事务中决定论和机遇论之间的关系。这方面典型的例子是，军方使用算法来确定哪些人显示出了"恐怖分子的显著特征"，并通过软件程序，部署杀人机器人或致命自主武器系统（LAWS）来设定"刺杀目标"。大规模的人工智能模式应用于全球范围的军事系统时，就表明我们这个时代的战争与技术创新、自动化、软件、数据读取、信息系统架构、速度、移动性和精准打击相关。大数据意义上的军事力量、信息能力和致命的高科技武器，如今已成为民族国家之间建立全球联系和实施有组织暴力行为的关键因素。

然而，本应该实现的所谓的"精准打击"和"定点清除"的行动，实际上往往会导致致命的意外后果。用人工智能和大数据在战争中进行预测性定点清除，通常都无法实现单一的或限定的效果，比如，许多无人机会杀害无辜平民。我在之后会讨论针对人工智能指导下的"精准打击"的准确性的相关主张。在这里，我想强调的是，当软件程序、大数据和人工智能被用来在战争和恐怖主义环境中针对特定的个人时，被杀害的人数超过计划人数的原因是，对军事行动的技术干预往往会在整个战区产生一系列副作用或附带性破坏。一位有影响力的评论家将这种副作用描述为造成了"一个充满不规则和混乱行为的世界"。科琳·麦凯（Colleen McCue）认为，在预测分析可能的恐怖分子或自杀式炸弹袭击者的过程中，"错误警报的显著增加是一个常见的问题，这和模拟罕见事件的挑战相关"。[51] 用社会科学的复杂性转向来表述这一点，在人工智能和高科技军事系统中存在着一种"有序的无序"。军方官员使用诸如"冷静的"和"精确的"等词汇来描述信息时代的战争，技术专家也承诺打击的准确性，但动态系统本身的复杂性意味着，意外与出乎预料的影响会不时发生。

即便如此，无人机在远距离释放出无与伦比的杀伤力，而"办公室飞行员"却可以在不必亲临战场的情况下执行杀人的工作。一些对无人机战争持批评态度的人认为，这种技术使人们看不到军事工业杀戮对人类造成的后果。西蒙·詹金斯（Simon Jenkins）认为无人机是"愚人金"，它提供了外科手术般精确的远距离杀戮的诱惑，而同时也预示了前所未有的适得其反的军事结果。[52] 他说，无人机将敌人从人的视线上转移和屏蔽，从而产生了"未来的不必动手的战争，安全、便捷、干净、'精准定位'。我方没有人会受伤"。但是，这种技术承诺的问题在于，它不能很好地适应现实。詹金斯最近在研究阿富汗、巴基斯坦和非洲之角发生的无人机战争。他认为，在很多行动中，无人机杀死了数千名无辜平民，却基本上未能扭转战局或重创塔利班与基地组织。与詹金斯一样，批评者强调无人机在许多司法管辖区仍然是禁用的，主要是因为其令人震惊的杀害平民的附带性破坏。

无人机战争的一个重大影响是，造成当代社会和媒介化生活中的公众与战争受害者之间日益脱节。无人机将战争变成了一种新型电子游戏：监视嫌疑人和"定点清除"都发生在一系列的屏幕、卫星、软件程序和大数据中。无人机通常由"办公室飞行员"操纵，远距离杀人。

在《无人机理论》一书中，格雷戈耶·查马尤（Gregoire Chamayou）认为，在执行远程遥控作战时，无人机消除了"任何与互惠有关的直接关系"。[53] 穿着"飞行服"的无人机飞行员可能位于基地，但却构成了复杂"杀戮链"的一部分，而这个"杀戮链"的管理是高度技术化的。"办公室飞行员"、传感器操作员、战略情报操作员与高级军事部门合作，形成了伊恩·肖（Ian Shaw）所说的"致命的官僚"的现象。[54]

无人驾驶飞机系统将是未来战争的关键，因为它们横跨了三个核心维度——数字化、移动化和小型化。2010 年代见证了小型化无人驾驶飞机的爆炸式发展，有些无人机甚至像甲虫那么小。技术在促进无人机的小型化、多样化和复杂化方面的作用意味着，它们对有组织暴力的影响必然是巨大的。最受欢迎的小型无人机之一是"渡鸦"，它是美国军方设计的三英尺长（将近 1 米长）、可以远程控制的无人机。这种无人机曾被广泛应用于阿富汗等地的战场，如今已被全世界各国的国防部门广泛采用。新型的微型无人机已经变得非常小，以至于它们看起来像儿童玩具，而它们的名字，如 MicroBat、SLADF 和 Black Widow，可能直接来自科幻小说。一个特别有趣的发展是将无人机压缩到极小的尺寸，使得它可以模拟昆虫飞行。无人机模拟蜻蜓或黄蜂进行制造，使得它能够通过微型传感器和摄像机与敌人近距离"亲密接触"，这一思路引导了近期研究发展的方向。各种"寄生无人机"的到来，如 Wasp 无人机和 Wing-store 无人机，正在形成"处理、利用和传播来自全球飞行传感器网络的海量信息的最敏感设施"。这是一场"数据海啸"，因为在自动运行算法处理这些信息的同时，大数据实在是太多了，国防和安全部门现在已经不堪重负。

微型化、半自主武器系统的出现也越来越多地被视为战争的自动化设备，其结果是，一系列复杂的基于技术的现代化军事参数的蜕变远远超出了以前见过的任何东西。例如，2017 年初，有报道称，美国军方已成功测试了微型无人机，并将其作为未来智能自主武器系统开发的一部分。三架 F/A-18 超级大黄蜂战斗机在美国加利福尼亚州的上空投下了大约 100 架 Perdix 微型无人机，这些 16 厘米长的飞行器能够成群飞行。根据五角大楼发表的一份声明，"微型无人机表现出先进的蜂群行为，例如集体决策、自适应编队飞行和自我修复"。[55] 一旦以这种方式组成集群，每台微型无人机都能与其他微型无人机通信，无人机就像一个集体有机体一样运作，在指定的环境中集群飞行，不受监控或攻击。这些发展在各个方面都受到人工智能发展的决定性影响，其军事战略目标是用大量的微型无人机摧毁对手的防御能力。

显然，当今人工智能、工业和尖端武器发展相结合所产生的技术变革的动态进程，正在让有组织暴力的机构参数和发动战争的手段发生革命性变化。无人机数量在战争中的激增，微型无人机和作战方式结合的进步，这两点在人工智能时代的任何军事力量分析中都必须占据主导地位。最令人不安的是，人工智能技术的传播已经导致了杀人机器人，即致命自主武器系统（LAWS）的战争武器的进一步发展。这些武器由人工智能控制，可以自主选择、锁定和打击（潜在的）敌方目标，而不需要任何人类的干预。正如本书最后一章所讲的，关于人工智能武器化和致命自主武器的全球大辩论已经展开，许多科学家、行业领导人和机构都要求优先禁止这种技术。这是一场关于全球未来和战争技术工业化的重要辩论。然而，必须强调的是，这种杀人机器已经在先进武器工业中大量涌现出来，目前正在使用的产品包括MARCbot、Pakbot、Talon 和 Gladiator Tactical Unmanned Ground Vehicle 等。美国军方已经投入大量资金研发及测试自动化武器系统，包括自动战斗机和轰炸机。

因此，在人工智能时代，战争手段的进一步发展就涉及"将杀戮外包给机器"这个字面意思，这一发展直接将有组织的暴力手段与算法、软件和计算机代码联系起来。在武器工业的主要中心（特别是美国和欧洲），杀人机器人的研究和开发获得了大量投资，同时，这一发展也影响到越来越多的民族国家和非国家主体。俄罗斯、以色列等国正在开发用于武器的杀人机器人技术。据报道，中国正在开发使用人工智能武器来生产下一代巡航导弹。[56] 在韩国，一个军火制造商设计并建造了一种炮塔，理论上不需要人工干预就可以识别、跟踪和射击目标。自动化军事防御系统，如德国的 AMAP-ADS、俄罗斯的 Arena 和以色列的 Tropy，可以自动识别和打击来犯的导弹、火箭、火炮、飞机和水面舰艇。随着越来越多的国家寻求加入致命自主武器系统的军备竞赛，自动化武器从发达国家向越来越多的国家发展的趋势越来越明显。在 2016 年的世界经济论坛上，英国武器制造商 BAE 的董事长罗杰·卡尔爵士（Sir Roger Carr）表示，目前有 40 个国家正在研发杀人机器人技术。[57] 虽然将自主系统的技术发展应用于运载军事武器只是这一领域一系列技术进步的一个方面，但关键是，目前并没有一个商定好的国际关系框架来规范在武装冲突期间如何使用这些武器，而且也缺乏管理和控制自主杀人机器人的全球治理机制。[58]

我们应该清楚这里的利害关系。战争领域的自动化技术的产业化，尤其是人工智能和先进机器人在军事领域的应用，给人类带来了前所未有的高风险后果。就人工智能尖端武器的密集发展对人类的生存产生的威胁，很多人都发出了警告。埃隆·马斯克（Elon Musk）曾经说过，在机器人战争的终结者世界里，人类将会变成二等公民。[59] 牛津大学哲学家尼克·博斯特罗姆（Nick Bostrom）曾经就人工智能可能带来的威胁发表评论："我们就像玩炸弹的孩子。"[60] 已故物理学家史蒂芬·霍金（Stephen Hawking）说："人工智能的全面发展可能意味着人类的终结。"[61] 有关人工智能末日的预言比比皆是。当然，致命的自主战争的全球影响将是瞬间发生的，其造成的政治、经济、社会和环境后果可能是灾难性的。只有时间才能证明人工智能战争的风险是否能够被控制，但是已经有大量旨在对抗或者限制这些趋势的行动正在进行。2017 年，来自 26 个国家的 100 多位人工智能专家联名呼吁联合国发布关于致命自主武器的禁令。最近，世界范围内人工智能领域的顶尖专家签署了一份保证书，拒绝研发致命自主武器。[62] 这些都是十分重要的进展。如果人工智能战争真的给人类带来了根本性的挑战，那么我们也必须对当今的全球形势进行新的思考。一种对人工智能战争的高风险后果保持警惕的社会理论不能被简化为抵制军事发展（无论这种集体行动多么重要），其必须探索人工智能在未来社会的可能发展轨迹。由此，我们顺利过渡到本书最后一章。

第六章
人工智能与未来社会

思考人工智能文化对当今社会和我们的未来都至关重要。从工业革命和制造业的出现，到后工业化时代的到来，再到外包和全球电子离岸外包的兴起，以往的社会结构已经发生了许多技术性变革。随着工业4.0和自动化工业的出现，今天的突破性技术一方面带来了惊人的机遇和新的个人自由，另一方面也有可能进一步加剧技术性失业和全球不平等。数字世界正在发生的变革是一把双刃剑，将机遇和风险一分为二。虽然今天的技术性变革与过去的历史性转变（如现代化和后工业化的影响）有着千丝万缕的联系，但这次由新的数字技术引发的全球冲击看起来非同寻常，人工智能革命的风险可以说不同于前几代人所面临的任何风险。让我们想一想数字世界正在发生什么。世界经济论坛的软件与社会未来全球议程理事会（Global Agenda Council on The Future of Software and Social）于2015年与信息和通信技术行业的主要专家和高管确定了各种"临界点"，强调了未来10—15年内全球经济可能受到的冲击。根据世界经济论坛上的说法，未来一段时间，发达国家不仅要应对移动设备实体植入和区块链技术的广泛应用，而且更具威胁性的是，它们还要面对通过先进的人工智能算法运作政府大数据和管理公司董事会的可能。

今天，我们生活在这样一个世界里：机器人在工厂里搬箱子、在超市里盘货，人们用复杂算法完成纳税申报和金融市场交易。但是，我们日益自动化的世界所造成的后果，也就是我在本书中所提到的那些后果，并不会那么直接显现出来。人工智能世界不是一维世界。在前面的章节中我已经提到，先进机器人技术和加速自动化所产生的影响并不局限于经济方面。我们必须把人工智能、机器人技术和数字技术放在日常生活实践、各类社会机构和各种全球化力量的背景中进行分析。现阶段的人工智能和机器人技术正在从根本上改变世界秩序，将社会从一个以员工为基础的工业制造组织构建的世界，转变为一个围绕新兴产业和未来产业的世界，这些产业和领域包括生物材料工程、纳米医学、先进制造、光学和电化学生物传感器以及微流体元件等，因此，组织结构、社会实践、人际关系和个人观点的根本变化是不可避免的。随着这些技术的发展、深化，越来越多的人将会受到其影响。如果新技术会产生巨大的社会影响，那么研究受这些技术影响的人们如何应对这些变化同样重要，也就是说，关注人们如何真正应对人工智能和机器人技术是十分重要的。在本书中，我的目标是对人工智能文化进行分析，特别是与现有文献中普遍存在的技术决定论或经济学批评观点形成对比。

库兹韦尔（Kurzweil）是公开支持新技术和人工智能将在未来发挥积极作用的倡导者之一。正如前几章中所讨论的，他已经相当详尽地论述了"加速回报定律"，这一定律的产生和计算能力的增强有关，尤其和基于人工智能的技术进步有关。[1] 根据库兹韦尔的说法，今天指数级的技术变化率将产生一个奇点，即非生物智能超过生物智能的历史转折点。[2] 库兹韦尔对这一迫在眉睫的全球变化的预测非常精确，他预测奇点将在 2045 年出现，这一奇点将消除人类和机器之间的区别，计算机智能和人工智能将超速运转，大大超过人类所有脑力的集合。显然，库兹韦尔对人工智能的前景非常乐观。这有可能只是乌托邦吗？许多批评家认为是的。他们认为库兹韦尔只是另一个乌托邦式的未来主义者。[3] 批评家认为库兹韦尔对奇点的看法简直是空中楼阁。尽管我对奇点的说法也表示怀疑，但我认为奇点的概念在逻辑上是可能的。

然而，不管是否可能，我的中心观点是，这种情况绝非注定。我在这本书中提出的核心论点是，复杂系统在影响自我、社会和科技之间关系的全球变革中占据绝对的中心地位。复杂系统，如机器人技术、人工智能和机器学习的技术创新，具有不可预测性、不确定性、曲折性和逆转性的特点。新技术以及在日常生活层面上应对复杂系统的文化尝试往往会产生意外后果，从而暴露或产生其他问题，随之而来又会出现其他解决方案或协同作用，以应对适应性系统之间的这种相互依赖性。[4] 我认为，当在有关身份和日常社会实践的理论中对复杂系统的思维进行概念化时，其主要收获之一是技术创新与不可预测性以及各种全球转变、趋同的社会发展、文化逆转和未来竞争紧密共存。我们在前几章中分析以下内容时就已经看到了这一点：城市移动性的转变和自动驾驶汽车的可能性；多重人工智能系统和全球监控的可能性及危险性；先进机器人技术对全球制造业以及就业和失业的影响。

这本书试图分析和解释数字变革带来的巨大文化转变——与人工智能、先进机器人技术和加速自动化相关的社会和经济层面的转变、协同作用和冲击。在前几章中，我提出了人工智能文化所开启的各种社会未来的可能，但并没有详细探讨，在本书的最后一章，我将尝试把一些关键的遗留问题集中起来探讨并对未来进行展望。我们已经看到，人工智能已经成为重塑就业和职业生活的主要推动力，但是我们在个人生活、亲密关系和性行为方面的未来又会如何呢？在未来的几十年里，人工智能会给健康和医学带来怎样的机遇和风险？人工智能又会对公众和政治生活做出什么贡献？民主政治的复兴能够调和自动化与自治、参与制民主与人工智能之间的不平等吗？世界性的归属感如何与大数据重新协调？在先进机器人时代，互惠和社会责任感的道德观是否能够得到培养？这些是我在这里要探讨的部分问题。在探讨这些问题的时候，我将借鉴日益增多的使人工智能社会的未来概念化、形象化和详尽化的倡议，以及来自学术界、社会政策制定者和智库的广泛观点。这一章的某些讨论必然是局部的和暂时的，它的目标是为新兴的跨越界限和地区的学术和公众的辩论做出贡献，这些辩论都是关于在这个新世纪里，以复杂问题和系统相互依赖为特征的人工智能的未来及其替代技术方案。

◎ 与机器人的亲密关系

2017 年 4 月，美国加利福尼亚州一家性科技公司厄比斯创意公司（Abyss Creations）宣布即将推出世界上第一款性机器人。在之前的几年里，由于在硅胶情趣玩具方面的创新，这家公司已经崭露头角。先进的人工智能进入性产业是为了促进机器学习在性玩偶上的应用，因此性机器人 Harmony 应运而生。珍妮·克莱曼（Jenny Kleeman）是这样报道这款人工智能性机器人的到来的：

> Harmony 会微笑、眨眼和皱眉。她可以和你对话、讲笑话，还会引用莎士比亚的话。她会记得你的生日……你想吃什么，还有你兄弟姐妹的名字。她可以和你聊音乐、电影和书籍。当然，Harmony 会在你想要的时候随时和你做爱。[5]

Harmony 有着硅胶情趣娃娃的形象，作为身价 300 亿美元的性科技公司的一款产品，这也许并不奇怪。它是一款拥有大胸、细腰、大长腿和法式指甲的性机器人，作为"你的梦中情人"进行营销。作为一个被动的、顺从的性机器人，客户在购买 Harmony 时可在各种定制选项中选择，比如有 14 种不同的阴唇和 42 种乳头的颜色可选择。这些可定制的特征是以不同的女性身体类型作为原型的，它们被推送给一些潜在的客户。

从某种意义上说，Harmony 是男性主义、超级色情幻想的污点。性科技行业通过对利润的追求，在对人工智能和机器人技术的突袭中，完全移植了这一污点。然而，在另一种意义上，Harmony 是一项与开创性的人工智能技术密切相关的发明，因为这种性机器人是创新融合技术的产物，包括面部识别软件、语音激活编码、机械工程和运动传感技术。在厄比斯创意公司的案例中，Harmony 的人工智能系统为客户提供了一个具有 18 种不同个性特征的机器学习系统，从善良、害羞、天真到性感、嫉妒和寻求刺激等。消费者可以通过各种方式利用这个机器学习系统来培养新形式的人机交互。这种在性和商业色情方面起到桥梁作用的机器人的入门级价格约为 1 万美元。

从 Harmony 的例子中，我们能收集到多少影响亲密关系的社会变化的信息呢？Harmony 的到来是否意味着亲密关系与人工智能的新关联，社会关系将会发生巨大的转变？可以肯定的是，从广义上讲，随着 Harmony 的到来，这种发展趋势正在许多国家和地区中发生，全世界有几十家公司都已经承诺为性机器人的发展提供研发资金。或许更深刻的问题是：人工智能技术的进步与亲密关系的转变在哪些方面相互交叉？我认为，机器人技术、智能算法和机器学习不仅代表当今亲密关系的前沿，而且为自我认同和个人生活的新体验以及以技术为中介的社会和亲密关系框架敞开大门。这并不一定意味着，在不久的将来，人们将与其他人交换性机器人，但这确实意味着，从聊天机器人到远程呈现机器人再到性机器人，先进的机器人领域正在拓展性别、性行为和个人生活的新领域。因此，人工智能作为身体、自我认同和亲密关系之间的技术连接点，可能会变得越来越普遍。

人工智能对于今天亲密关系观念的改变具有何种意义呢？最重要的是，在一个技术加速发展的世界里，新的文化观念已经出现，而数字变革对这个世界来说变得越来越重要。这些新的文化观念深深扎根于信息技术时代，产生于机器人技术、云计算、3D 打印和人工智能兴起的背景中，这使得亲密关系的整体敏感性发生了根本性的变化。从演员网络理论到后人文主义，"亲密"这个词将有生命的和无生命的、人与机器、主体与客体混为一谈。如果亲密关系曾经关乎人际关系而不是非人的物体，关乎情感而不是物质，现在情况就大不一样了。现在的亲密关系不仅仅关乎性爱关系，更重要的是它关乎我们与科技本身的联系。现在的亲密关系是性爱和技术的相遇，人将自我的激情开放给外部复杂的技术力量。如果亲密关系是为了在与他人的关系中颂扬自我，那么它也使得技术成为自我实现的方式，而不仅仅是一堆非人的工具。

亲密关系因此不可避免地被烙上了技术的印记。除了培养个人关系和性关系，如今的亲密关系还与约会应用程序、用手机发送色情短信或图片、虚拟现实性爱、人工智能性爱玩具、网络摄像头性爱和其他传感设备相关联。然而，如果说亲密关系的概念为了适应新的数字技术而发生了变化，那么这种文化敏感性的转变也并非没有问题。麻烦开始于亲密关系的人际关系和物质形式之间的冲突。新的人工智能技术，从先进的机器人技术到复杂的自学习机器系统，开启了一个有关亲密关系的问题，这种亲密关系不再是建立在互惠、主体间性或共同性的基础上。[6]亲密关系现在指的是，在公式化的陈述和刻板的表达方式占据主导地位的软件代码的提示下，人们如何开展社会生活。

所有这些都需要在更广泛的关于性机器人的辩论中来考虑，这场辩论不仅在学术界进行，也在更广泛的公共领域中进行。从广义上讲，辩论双方，一方（拥护者）认为性机器人是亲密关系领域的变革力量，而另一方（宿命论者）认为这种看法不仅错误而且在社会和政治方面都很危险。当然，将性机器人的争论双方分为拥护者和宿命论者的做法过于简单，因为关于人机性关系的后果，有各种各样的说法和观点。但我用拥护者和宿命论者这样的划分来强调接下来的一些主要论点，试图阐明机器人性爱可能产生的影响和它的未来发展，以理解亲密关系的转变。

机器人性爱的拥护者做了很多论述。英国作家大卫·利维（David Levy）经常扮演拥护者的角色，他在《与机器人的爱与性》一书中提出了一个论点，即到2050年，"与机器人的爱将变得与其他人类的爱一样正常"，而这项研究的副标题是"评估人类与机器人之间的关系"。[7]利维说，机器人的发展已经超出了社交的基本形式，我们正进入一个重大技术创新的转型阶段。随着人工智能和机器人技术的迅速发展，机器人变得越来越像人类，从而创造了人机配置新模式的可能性，例如，机器人友谊和人工智能亲密关系。

利维论点的核心涉及人类性行为和社会关系的重大转变。利维的主要论点里包含了以下三个方面的转变：传统恋爱模式的转变，性存在和性行为的转变，以及人际关系的转变。通过扩展人们爱恋对象的领域（从童年的泰迪熊到青春期的电脑游戏），机器人为情感识别和同情心创造了新的可能性，进一步拓宽了个人将情感归因于无生命物体的范围。同时，机器人技术还涉及人类性行为的重新排序，尤其是对性活动的影响。简言之，随着人们的性活动越来越多地与技术创新交织在一起——如从电话性行为到"远程性爱"——机器人打破了自我、性行为和人类性伴侣之间的传统对应关系。[8] 在改变坠入爱河的社会环境和性活动条件的过程中，机器人重新定义了亲密关系。利维甚至预言人类将与机器人结婚，并声称到 2050 年，人类和机器人之间的婚姻将变得司空见惯。[9]

我们再来看看宿命论者的观点。对于宿命论者来说，目前有关人机关系的论述不仅不令人满意，而且完全是错误的。他们质疑，我们怎么会跟机器人变得"亲密"？机器人可能会越来越多地被设计成能够对人类的情感产生反应，但这与情感本身是两码事，也不可能达到与人类建立亲密关系的程度。因为有关性、爱情和数字技术的科学辩论和公共辩论在很大程度上都与身份和性别有关，性机器人的到来带来亲密关系的消亡也就不足为奇了。

反对性机器人运动的负责人、机器人伦理学专家凯瑟琳·理查森（Kathleen Richardson）是认为性机器人的风险被大大低估的最有影响力的作者之一。[10] 在《性机器人：爱的终结》一书中，理查森认为——与利维的观点截然相反——性机器人是没有人性的并且是与社会隔离的，它导致了新的危险的产生，特别是对妇女和儿童。[11] 理查森认为，性机器人的商业化并没有为社交能力的发展提供新的可能性，反而起到了相反的作用。对理查森来说，性机器人使超级资本主义社会和以财产关系为中心的新自由主义意识形态之间日益增长的联系正当化和合法化。有关性机器人的论述就像一种"亲密关系的神话"，科技公司承诺性机器人能够模拟人类的交流，而事实上，人们之间的距离越来越远，彼此之间的关系越来越疏离。

把性机器人放在财产关系和先进资本主义的角度来看，就是把它视为不平等的权力关系和性别等级的错综复杂的交织产物。理查森认为，由性机器人培养的社会关系和性工作关系是一样的——虽然她使用了更有价值感的"妓女和约翰的关系"这样的表述，而不是"性工作者和客户的关系"。理查森认为，人类和性机器人的关系其实是一种主人和奴隶的关系，机器人是被动的、被购买的"女奴"，而主动的人类男性则充满了力量——尽管缺乏情感。如果这让人与机器人的关系听起来很危险，那么理查森所诠释的风险将是灾难性的，这种灾难性在于，当人们极度屈从于与人类互惠无关的性满足时，性机器人会释放人类内心的黑暗面。面对这种人际关系的疏离和性机器人的诱惑，此时的人们更容易陷入强烈的个人幻灭和幼稚的享乐主义之中，唯一的解决方案只有废除性机器人，理查德森以高度宿命论者的口吻如是说。

想必，没有什么比这让性机器人听起来更令人讨厌的了，如果这真的是性的未来，那么理查森呼吁禁止性机器人也就不足为奇了。但是，正如许多批评家所说，人类与机器人关系的现状和未来不能仅用如此单一的字眼来理解。对理查森著作的重要批评是由丹纳赫（Dana-her）、厄普（Earp）和桑德伯格（Sandberg）提出的，他们指出，理查森对性机器人的负面评价是基于对卖淫的片面理解，即卖淫是强制性的或者物化的。[12] 这些批评者认为，理查森忽视了大量研究，这些研究认为许多性工作者与客户的关系都需要建立在相互尊重和理解之上，尤其是与老客户的关系，而且许多客户都在寻求建立一种亲密关系。针对理查森呼吁禁止性机器人的反对意见已经形成，正如伊娃·怀斯曼（Eva Wiseman）质疑理查森的观点时所说，"当然，与其呼吁禁止（性机器人）或者试图暂缓技术的发展，不如改变叙事，利用这个新的市场来探索我们关于性、亲密关系和性别的问题"。[13]

关于社交机器人（包括性机器人）的讨论经常强调文化自我毁灭的危险。真正的机器人越是显得堕落和具有掠夺性，社会就越是处于一种不断衰弱的痛苦变革之中。问题开始于由先进自动化引发的大规模失业，而后是对于隐私和数据安全漏洞的入侵，然后一路螺旋式上升到通过智能机器取代人类的性关系而导致亲密关系的彻底消亡。然而，一个悬而未决的问题是，为什么我们一定要把性机器人看作是通过技术手段强化的父权意识的体现？以上提到的许多观点都把关注点集中在人类与机器人的性行为会降低人们对女性的尊重这一令人不安的趋势上，但对于机器人如何改变人类对亲密关系的需求（有可能是有益的变化）方面却闭口不谈。似乎这场辩论的某些参与者的悲观看法都是普遍真理，而不是机器人与理性、自动化与自主性之间的冲突。

另一个出发点是，亲密关系应该区别于一般的性行为，特别是情欲行为。从这个角度来看，亲密关系并不意味着性关系和情欲关系的广泛交叉，而是非性友谊、人际关系和生命形式的多样性表现。在这个性关系常常沦为纯商业性的或者工具性事物的日益世俗化的时代，只有人际交往、情感体验才能维系和增强亲密关系。简言之，性行为往往是实现亲密关系的一个内在方面，但它并不等同于亲密关系，这一点已经被友谊在个人和社会生活中一直以来的重要性证明了。以这种方式将亲密关系的概念多元化，就是重新提出了一个问题，即如何通过人机交互来增强自我实现、自主性和情感生活的其他方面。

为了说明这一点，我们以现在老年护理领域发生的变化为例，这些变化与大量的人工智能技术和配备传感器的环境有关，这些技术可以自动收集老年用户的数据，而不需要这些人的直接参与。很多专家在预防医学和健康管理方面的文章中强调了智能数字技术和社交机器人的好处，并提到了将自动化收集健康数据作为老年患者预防疾病的一种手段的重要性。但在老年人的健康问题上，机器人和智能数字技术可以提供的不仅仅是个人健康信息。马尔特耶·德格拉夫（Maartje de Graaf）关于老年人接受陪伴机器人的研究为此提供了一个证据来源。[14] 正如德格拉夫和她的同事所证明的那样，在老年人与社交机器人建立关系的过程中，面对人类与机器人互动带来的种种挑战，个人正在与机器人构建新的情感依恋形式。德格拉夫的研究是在欧盟的机器人社会参与项目的背景下进行的，在两个月的时间里，一个叫卡洛茨（Karotz）的陪伴机器人（看起来像一只兔子）进入一些老年人的家。不用说，这些老年人与陪伴机器人卡洛茨的交往既有积极的一面，也有消极的一面。值得注意的是，人类与社交机器人之间建立的联系不仅仅是功能性或功利性的，而且往往涉及乐趣、关心和陪伴。

德格拉夫的研究涉及人机交互的两种关键模式。她指出，"个人对机器人的反应似乎有两种方式：要么是人类喜爱并'培育'社交机器人，与之建立关系；要么是人类将社交机器人视为人造的，视为机器"。德格拉夫指出，与陪伴机器人建立关系的能力取决于个体的想象力和移情能力，与机器人建立新形式的交流和情感关系取决于个体"拟人化"技术对象的能力。这项研究的参与者这样描述机器人的类人特征：卡洛茨会"给你做一些搞笑的表情"，"在指示灯还亮着的情况下陷入昏迷"，或者，卡洛茨"开始苏醒，耳朵上下摆动"。德格拉夫的这项研究展示了个体如何积极地将机器人拟人化并构建新的社会形态。然而，确实有许多人说有一种被围困感或羞耻感。一种普遍的担心是，有些人可能会认为他们花时间和机器人互动是奇怪的。然而，与此同时，这项研究表明，个人确实会与机器人分享故事和秘密，从而增强了个人对机器人的心理依恋。

这些发现与我和一个团队在日本和澳大利亚所得的研究结果高度吻合，该研究主要关注机器人开发人员如何将机器人设想成老年护理中可能的伙伴。[15] 我团队中的同事把机器人技术在老年护理方面的应用称为"想象"一种与社交机器人之间的联系。"想象"包括把调动想象力、幻想和移情作为建立联系的资源，把社交机器人和相关的社交辅助数码科技结合起来，积极重建自我与客体世界之间的关系，以及构建新的社交形式。像德格拉夫一样，马克·柯克伯格（Mark Coeckelbergh）也想要为社交机器人的潜在优势摇旗呐喊，或者至少帮助我们以不那么拘束的方式思考这一领域的数字化发展。柯克伯格写道：

> 正如我们已经习惯于生活在虚构和非虚构之间，我们也越来越习惯于同时生活在线上和线下，或者至少我们习惯于在它们之间切换。未来的老年护理可能有也可能没有机器人，但肯定有我们这种习惯于使用信息通信技术的，甚至是数字原生代（从未见过没有信息通信技术的世界的人）的护理接受者和护理者。如果机器人将要在老年护理和医疗保健方面大量涌现（这可能不会发生），那么它们很可能会遇到"机器人原住民"，这些人习惯于在自己的生活中使用各种各样的信息通信技术，包括机器人。在这种情况下，他们不会觉得和机器人一起生活是一种欺骗；他们会把它们看作和科技一起生活的一部分，工作和娱乐的一部分，与他人联系和交流的一部分。新技术甚至可能影响我们所说的尊严、自治、现实和社会关系。[16]

从某些方面来说，对社交机器人的接受程度甚至比这个角色本身所蕴含的意义还要广泛。随着人工智能和先进机器人技术的结合，对非人化的技术系统以及其他系统（如社交机器人）的信心将成为社会生活中最重要的因素。但这并不是简单地对人类行为者与非人类技术对象之间的关系进行重新排序，让机器人重新扮演社会行为者的角色；而是个人身份性质的根本转变。个人生活日益与网络技术系统和技术对象交织在一起。人机配置的外部和内部特征，包括个人与社交机器人的关系，都是通过个性化的连接来体现的。

那么，我们应该如何评估这些机器人在未来的亲密关系中扮演不同角色的可能场景呢？首先，这些场景没有一个是一定会发生的，也没有一个是更受欢迎的。总体来说，利维设想的未来——到 2050 年，人与机器人的婚姻将会非常普遍——不太可能发生，而且存在明显的争议。不过，理查森提出的另一种可能性——禁止性机器人——也不是未来亲密关系中最有可能出现的人工智能场景。身体的所有权问题无疑是复杂的，这个问题已经被女权主义者有力地解决了；这个问题也涉及一系列如何定义"人"的问题，理查森对此基本上闭口不谈。然而，正如前面提到的，过分强调财产关系和把性工作看作理解人类与机器人关系的模型，对这场辩论产生了制约性的影响。在被理解为将自我向外部和内部事务"开放"的亲密关系领域，人工智能和先进机器人技术显然与个人的生活方式、选择和身份越来越直接相关。性机器人的明显风险在于，它们将性行为降格为商业化的性爱，将亲密关系降格为工具关系。这就好像赋予机器人性功能的行为给性爱与亲密关系带来了风险。但是，值得庆幸的是，性行为、亲密关系和科技的未来是有很大争议的。我们需要重新开拓未来亲密关系的技术领域，并强调人们在私人生活中选择的多样性，这些是十分重要的。在本章的这一部分，我试图强调在老年护理领域中，情感、同理心、照料、关怀、内省和想象力在人机关系中的重要性，以此作为重新思考未来亲密关系的一种途径。我们还需要进一步研究机器人技术在童年、友谊、远距离关系以及个人生活中的许多其他转变中的重要性。

◎ 人工智能与医疗保健

迄今为止，信息技术、人工智能和机器人技术的进步在福利系统和医疗保健领域的发展是不平衡的。在互联网崛起的初期，许多评论家都强调了医药卫生领域日益强化的数字化特征给我们带来的重要益处。20 世纪 90 年代和 21 世纪初，计算机的迅速发展和普及改变了人们获取医疗保健信息的方式，人们越来越热衷于获取有关健康生活方式和健康状况的医学研究内容。有些人则利用点对点支持网络在医疗保健领域进行实验，与世界各地的人分享他们的学习内容和兴趣爱好。人们普遍认为，作为主要医疗专家系统的全科医生（GP）将成为过时的医疗保健模式。全科医生在线连接项目曾经有过一段辉煌的发展期，随后就进入了衰退期。据报道，人们仍然觉得有必要咨询全科医生，以帮助他们管理健康状况和实现预期的医疗结果。

在 21 世纪前二十年，数字技术迅猛发展，如今，越来越多的医疗技术研发正在尝试将特定机构的传统医疗咨询与在线医疗服务以及新的虚拟数据采集和医学成像技术相结合。事实上，作为人工智能革命的结果，我们今天可能正处于医疗和卫生保健系统巨大变革的边缘。英国最近的一项行业预测显示，到 2021 年，人工智能医疗技术的全球市值将达到 50 亿英镑，比目前的人工智能医疗市场增长 40%。[17] 一系列的变化说明了人工智能医疗技术的迅速扩张。智能手机并不新鲜，它已经取代了个人电脑的地位。人们使用越来越精密的健康应用程序来监测自己的身体状况，如跟踪睡眠模式、监测能量水平、记录与生育有关的数据和其他诊断数据。例如，风靡一时的 Fitbit 既可以用于诊断，也可以提供标准；它不断地提醒我们每天要努力走 1 万步，同时它也是强调健康生活方式的重要性的"技术地图"。包括医院级的诊断和治疗技术（如便携式 X 光机和血液检测技术）在内的智能辅助技术使得患者能够更好地掌控与其残疾或身体状况相关的医疗活动或任务。机器学习算法可以识别数据并做出预测，能够实现从提醒和医疗专家的预约时间到识别可疑的黑色素瘤的功能。

马修·霍尼曼（Mathew Honeyman）、菲比·邓恩（Phoebe Dunn）和海伦·麦肯纳（Helen McKenna）提供了一个非常有说服力的关于英国医疗系统，特别是国民医疗服务系统（NHS）中由于数字技术而产生的相关创新的概述。在题为《数字化国民医疗服务系统》[18] 的报告中，霍尼曼和他的同事坚定地认为，数字变革代表着国民医疗服务系统在提供医疗保健、协调医疗服务和支持健康方面发生了"阶跃变化"。作者认为，新技术在诊断、治疗、护理、存储健康记录、监测数据以及推广健康生活方式等方面，给患者与医疗专家之间的关系带来了深远的变化。报告总结说："信息技术、数据系统和信息共享对提供综合护理至关重要，有助于协调不同组织的专业人员提供的护理，甚至可以通过更广泛的患者支持网络来协调护理工作。"此外，霍尼曼指出了未来几十年最有可能在全球范围内改变医疗保健的技术，从智能药丸和植入式给药到数字疗法和计算机认知行为疗法，再到区块链技术和去中心化健康记录。

　　霍尼曼和他的同事们着眼于医疗保健领域未来短期内的转型，但未来长期的发展趋势也同样重要。最近，针对未来的自动化医疗，特别是未来的外科机器人技术，研究者们提出了许多建议。在 20 世纪前十年，越来越多的外科医生和其他医生日渐意识到新技术在手术室的应用是未来的趋势。科技型外科医生与传统型外科医生之间的鸿沟将越来越大；使用灵巧的外科机器人的医生和使用手术刀和注射器的医生之间的差别也会越来越大。在这个新技术领域，传统的手术工具被位置传感器、微型摄像机和手术机器人迅速取代，腹部外科手术机器人技术的应用就是一个例子，这项技术在世界范围内得到了广泛的应用和商业化。外科医生迈克尔·斯蒂夫曼（Michael Stifelman）是纽约 Longone 机器人外科中心的前主任，也是医疗保健领域使用自动化技术的世界领先专家之一，他一直大力提倡在外科手术中使用机器人，因为机器人能够为手术室的外科医生提供更高的精确性。正如斯蒂夫曼所说，现在越来越多的外科医生坐在电脑显示屏前，进行从引导机械臂到达开放手术中的最佳位置，到确定机器缝合的最优出针点的各种工作。这种使用机器人进行外科手术的方式代表人和机器开始并肩工作，有些人甚至认为，这些技术的发展标志着"超级外科医生"的到来，但是，对于机器人辅助手术与腹腔镜手术相比可能带来的好处，仍存在相当大的争议。斯蒂夫曼在评论他自己的手术实践时，为这种半自动化手术组合的到来提供了一个有趣的视角——"机器人与我合二为一"。[19]

　　斯蒂夫曼非常肯定人工智能在全球范围内变革医疗保健领域的趋势，全世界大量的外科机器人在外科医生的指挥下进行基本的和日益高级的手术操作这一事实也支持了这一观点。我们还是来关注一下在高科技医疗器械行业中增长最快的腹部外科手术机器人，根据市场研究预测，其全球市场价值将从 2016 年的 27 亿美元增长到 2023 年的 158 亿美元。机器人辅助手术不仅在治疗腹部疾病方面有了显著的发展，而且在治疗泌尿外科和妇科的良性和恶性疾病方面也有了长足的发展。这些手术机器人中有几个主要产品，其中最重要的是加州直觉外科公司（Intuitive Surgical）生产的 da Vinci 机器人，其成本超过 250 万美元，目前世界各地的医院共安装了 3600 多台这种手术机器人。

"机器人与我合二为一"，斯蒂夫曼的这一表达很有趣，值得我们进一步思考它的含义，例如，这是否意味着外科手术机器人总是在医生的控制之下？或者，这是否意味着外科手术机器人以相对自主的方式处理日常医疗任务？尽管在医学和医疗保健领域，由于技术专家和传统主义者之间的分歧越来越大，自动化外科手术机器人会一直是一个热点，目前对后一个猜想的答案是否定的，大多数情况下，外科手术机器人都是在外科医生的命令下操作的。科技的前景也许是巨大的，远远超出目前的医疗保健模式，但目前外科手术机器人仍处于人类的直接控制和医疗行业的监督之下。然而，有意思的是，在医学和医疗保健的其他领域，情况并非总是如此：在眼科矫正手术中，机器人自动操作系统可以在病人的角膜上开切口；在关节成形术或膝关节置换手术中，半自主机器人能够以许多顶尖专家都无法达到的精度切割骨骼；在毛发移植手术中，机器人系统可用于识别、采集健康的毛囊，并在患者头皮上做微小的切口，为毛发移植做准备。

因此，从自动化到自主机器人手术的转变过程可能比许多专家预期的要快。正如一位分析人士所说："如果机器人外科医生在手术室很常见，那么很自然地，我们会信任它们，给它们安排越来越复杂的任务。如果机器人证明自己是可以被信赖的，那么人类外科医生的角色可能会发生巨大变化。有朝一日，外科医生可能会与患者会面，决定治疗方案，然后监督机器人执行指令。"[20] 向自主机器人手术的过渡将涉及医疗保健系统的重大变革，由此会产生一系列复杂的问题和可能性，在现在和将来都需要公共政策来回应。然而，数字技术以前所未有的活力向前发展，技术创新的速度如此之快，自主机器人手术造成的问题已经被医疗保健领域中的新型先进微型机器人技术所掩盖。智能或植入式药物递送技术已经发展了一段时间，但正是微型机器人手术设备和可食用机器人的出现，将医疗领域的人工智能革命带到了一个完全不同的层面。软体微型机器人现在可以执行过去被认为只有医生才能执行的医疗程序，最近的一些例子包括以下三个。

① 美国拉尼治疗公司（Rani Therapeutics）开发了一种可食用的机器人，这个机器人装有一个以碳水化合物为基质的注射器，可以将药物运送到身体的指定位置，比如肠道。

② 德国马克斯普朗克研究所（Max Planck Institute）的研究人员首创了一种可消化内窥镜。医生可以从患者体外操作这种微型机器人，它可以穿过人体肠道，进行细针穿刺活检。

③ 位于洛桑的瑞士联邦理工学院（Swiss Federal Polytechnic School）的研究人员设计了由食用明胶和甘油制成的软体机器人。这些软体机器人是可以进行生物降解的，能被病人的身体分解和消化。这项研究在未来一个可能的用途是用来运送食物，而微型机器人可以有效地发挥食品的作用。

这些科技创新的整体水平令人惊叹。然而，我们并没有一个简单的方法来确定可食用机器人是否会被人们改造为半机器人并引发医疗保健领域的革命，我们也不能判断机器人医疗和药物递送领域的许多创新是否只是社会对科技乌托邦的最新追求。显而易见的是，许多医疗保健技术的变革在历史上是没有先例的，因此这些变革给社会、文化和政治带来了新的机遇，同样也带来了风险。

机器人医生取代外科医生的前景并不像听起来那样具有未来感。虚拟现实技术和增强现实技术已经被用于训练医学生，并且在训练设施有限的国家，这些技术的使用正在改变医学。未来的医学教学可能会采用触觉技术，外科医学生可使用"虚拟手术刀"并通过虚拟仿真的途径体验医疗操作的感觉。[21] 此外，由于技术的小型化和成本降低的趋势，机器人不仅将协助外科医生完成常规任务，而且似乎将接管整个医疗保健领域。这也意味着，医疗环境中出现了从自动化机器人到自主机器人的巨大转变。在过去的 10 年里，机器人技术和人工智能技术已经成为生物医学领域的热门话题，在那些对社会未来感兴趣的作者那里更是如此。在这一领域一位有影响力的作家，是本书提到过的库兹韦尔。在《奇点即将到来》以及其他一些研究中，库兹韦尔试图详细阐述当代生物医学的发展，以及人工智能和纳米机器人技术对人体可能的增强或优化。库兹韦尔认为："生物技术的加速发展将使我们重新编辑自身的基因和代谢过程，从而阻止疾病和衰老的过程。当我们走向一种非生物性的存在，我们将获得'自我支持'的手段（储存我们知识、技能和个性的关键模式），从而消除我们所知的大多数死亡的原因。"[22]

可以预见，生物决定论者或文化历史主义者一定会说，衰老总是和遗传或特定环境相关，但他们却无法反驳库兹韦尔的观点，因为他并不认为生物学和衰老没有关联，而是认为两者将以惊人的速度被非生物信息技术所超越，人与机器或者物理世界与虚拟世界之间的区别将不复存在。我在这一章中所关注的库兹韦尔的分析的最重要特点是，作为 21 世纪末对生物领域进行非生物再设计的一种产物——纳米机器人技术的生命后果。库兹韦尔认为，人工智能和纳米医学干预应用于生物健康，从根本上将"脆弱的 1.0 版人体"转变为基于逆向工程和超级智能的"更持久、更有能力的 2.0 版人体"。在某些论述中，库兹韦尔似乎认为人工智能是实现永生的直接工具，因为它彻底消除了人体衰老过程所施加的生物学限制。例如，在一篇文章中，库兹韦尔预言在不久的将来，"数不清的纳米机器人将通过血液循环游走在我们的身体中。在我们的身体里，它们会破坏病原体、纠正 DNA 错误、排除毒素，并执行许多其他任务，使我们的身体更强健。因此，我们将能够无限期地活下去"。[23] 如果你认为这种乌托邦式的预测很容易遭到冷嘲热讽，这是很自然的。事实上，针对库兹韦尔的未来主义主张，确实有许多批评。但是，我认为，如果把库兹韦尔的分析看作对人工智能社会的一种乌托邦观点的描绘，那就大错特错了。库兹韦尔在预测社会未来方面有着令人印象深刻的成绩，他的大部分分析都基于纳米机器人技术的医学研究成果。例如，库兹韦尔引用了小罗伯特·弗雷塔斯（Robert A. Freitas Jr.）关于纳米医学的研究，特别是他在分子尺度上对生物系统的重组的研究。弗雷塔斯设计的纳米机器人可以清除人体细胞中不需要的化学物质和碎片（从朊病毒、初原纤维到畸形蛋白质）。库兹韦尔说，这种医用微型机器人将扮演人体"清洁工"的角色。

然而，尽管如此，构建一种能够探讨当代生物医学和优化技术的批判性观点，用来展示生物技术在近期和长期将在整个社会中以何种形式存在，似乎仍然很重要。医学社会学家尼古拉斯·罗斯（Nikolas Rose）就"生命本身的政治"所做的阐述正是为了做到这一点。罗斯的思想与已故法国历史学家米歇尔·福柯（Michel Foucault）的后结构主义理论背道而驰，后者试图为生命科学、生物医学和生物技术的发展提供更为复杂的解释。和库兹韦尔一样，罗斯强调生物技术从根本上是为了优化人体和增强自我认同。罗斯说，当代生物医学用以前无法想象的方式对重要的生物系统进行干预。例如，他写道：

> 一旦一个人见证了精神药物在重新配置情感、认知、意志的阈值、规范、波动性方面的作用，就很难想象其不愿意以这种方式进行自我改变。一旦人们看到辅助受孕重塑了女性生殖的规范，生育的性质和限度以及围绕它产生的希望和恐惧都将不可逆转地发生改变。一旦人们看到激素替代疗法重塑了女性衰老的规范，或者伟哥重塑了衰老男性的性能力规范，那么衰老的"正常"过程似乎只是一种可选择的可能性，至少对于那些富裕的西方国家来说是如此。[24]

因此，罗斯以鲜明的福柯式风格主张，当代的生物医学和生物技术通过标记有机领域的界限开创了一种新的社会关系秩序，从而重新描绘了人类生活本身的轮廓。罗斯写道："新的分子增强技术并不试图将人体与机械设备混合，而是在有机层面上对其进行改造，从内部重塑活力。"[25] 罗斯的新福柯主义强调遏制和调控，他认为新的增强生物技术通过隔离、调动、积累、储存、划界和交换等过程，重新划定了生物和非生物之间的界限。

在这一点上，罗斯的著作是对库兹韦尔论点的适当平衡。库茨韦尔认为，当代生物技术是对人类生命进行生物再造。他说，医疗保健的未来趋势几乎肯定会超越当前生物学的限制。毫无疑问，正是基于这个原因，库兹韦尔为他的书《奇点即将到来》起了这样的副标题——"当人类超越了生物学"。但事情可能不像库兹韦尔所设想的那样已成定局。罗斯认为，生物医学和生物技术的未来与其说是对生物学的超越，不如说是将生物学提升到第二位。罗斯说，在生物技术和人工智能的时代，"人类的生物性并没有减弱，而是变得更具有生物性"。[26] 据罗斯所言，人工智能和新的生物技术不仅能增进健康、逆转衰老或改变自我认同，而且会从根本上改变生物领域。在罗斯声称"生物技术改变了人类的本质"，之前应该加上一句话："生物技术改变了生物的本质"，这是对库兹韦尔的超越理论的有益修正，然而，它是否阐明了人工智能的重要方面以及医疗保健的数字化变革却是存在争议的。也许我们能用一种更好的方式表达这一点，即人工智能社会的出现促进了一种新型的生物和非生物的混合体在个人和社会组织层面上的出现，这与 20 世纪后期后工业社会的情况截然不同。

即便如此，尽管存在这些理论上的分歧，目前纳米机器人在实际操作上还有很大的局限性。一个关键的挑战是获得美国食品药品监督管理局（FDA）对纳米机器人的批准。美国食品药品监督管理局要求纳米机器人和相关的药理学药物的结合是安全的，这就导致了一个复杂的审批过程。为此，实验者需要在实验室、动物身上和临床试验中对人体进行多次重新测试。美国食品药品监督管理局对纳米机器人的批准率说明了一个有趣的现象。第一个纳米机器人于 1995 年被批准，在此后的时间里，据估计只有 30 种左右的纳米颗粒药物上市。我并不是说当前的行政障碍会阻碍纳米医学的技术发展，然而，库兹韦尔预测纳米机器人技术和智能计算将很快彻底改造我们的身体和大脑，在病毒、细菌和癌细胞等病原体攻击个体之前就将其摧毁，我们很难否认这一结论有些盲目乐观。关键在于，我们不知道纳米机器人技术的进步什么时候会产生新的做法、习惯、态度和价值观，从而在分子水平上重组医学意义上的人类生命，也不知道这会带来什么样的后果，因此，不能保证库兹韦尔的"血液中的纳米机器人"的未来会在短时间内自动实现。然而，纳米机器人在医学上的进步，包括制造微型颗粒来检测代谢失衡、检查激素水平、修复细胞膜、运送药物和纠正

DNA 错误，表明生命科学、生物医学、医疗保健管理以及人类生活的许多领域正处于一个重大的转折点。

◎ 超越人工智能的民主

数字变革给民主和民主政治带来了严峻的挑战，这些挑战包括：人工智能、智能算法和聊天机器人的出现给民主带来新的利益和负担；即时通信工具（Facebook、Twitter、Tumblr、YouTube 等）的动态性给政体内部和民族国家之间带来了同等程度的优势和困难；自然语言处理技术的发展和机器学习的进步不仅改变了服务业和客户销售，也改变了政治选举和影响选民的新技术；大数据的迅速增长，加上计算技术的进步，在整个现代社会产生了新的政府监控系统和基于监控的商业模式。在这种背景下，社会学家曼纽尔·卡斯特尔（Manuel Castells）认为，今天的民主是两条战线上协商的民主。[27] 第一条战线是代议制民主，它根植于领土政治和政府机制之中。代议制民主的基本特征是民族国家、地方或区域政治以及工业化经济。作为一种制度，代议制民主的步伐是不紧不慢的，即政治审议和谈判进展缓慢。第二条战线是数字技术，或者说数据驱动的政治。这种模式的基本特征是互联网、域外、全球化、去中心化和数据网络。这种模式中的政治在本质上是即时的。根据卡斯特尔的观点，这两种模式相互矛盾，民主能在数字变革的挑战中生存下来，这并非是确定无疑的。

这个论点对于民主和民主政治目前的命运有什么影响呢？在前几章中，我们讨论了随着数字变革的到来，特别是人工智能的普及，公共生活和政治——从失业和就业前景到流动性和交通政策——如何面临新的挑战和风险；一个重要发展就是支撑当今国家和机构活动的不断增长的数据产量。正如我们已经看到的，数据产量大约每年翻一番，随着物联网的出现，世界的数据产量必将飙升。这种爆炸式增长无疑是由智能手机和社交媒体产生的，但也越来越多地由智能家居、智能工厂和智能城市产生。这就提出了一个棘手的问题：在工业自动化和移动数字化之后，是否就是政治和公共生活的自动化？也就是说，与经济和工业编程并行的人工智能是否会迎来一个对公民进行编程的世界？

135

这样一个奥威尔式的场景要求我们直面一个问题，即民主如何才能在人工智能、先进自动化和大数据的发展中生存。今天，人们普遍感到民主受到威胁，这是由外国势力影响竞选活动和选举危机引发的，同时也有越来越多的迹象表明，政府和企业正在侵犯私人生活。本章的这一部分旨在探索当今在政治和社会逐渐陷入人工智能、大规模监控网络和自动化现象的复杂系统中的情况下，民主的含义为何，从而探讨如何应对这些威胁和挑战。

在学术界和街头，几乎没有什么概念能像民主这样引发激烈的争论。[28] 我在这里不打算追溯这些争论的轨迹，也不试图勾勒出与媒体时代和数字变革相关的现代民主发展的轮廓，但我将继续论证：① 自由民主思想的传统不能充分适应当代大型社会组织的维度；② 今天各种各样的全球化和技术的发展给民主政治带来了巨大的压力，使自由民主理论濒临崩溃。大卫·霍尔德（David Held）极富说服力地探讨了独特的自由主义传统理论，这些理论体现了对自由民主基础和结构的不同理解，考察了在更广泛的政治共同体背景下关于个人、自由，以及公民的权利和义务的不同观点。[29] 自由主义传统理论中的一条特别的研究路径强调意见的自由表达对于观点多样性的社会的民主繁荣至关重要，这一研究路径是在杰里米·边沁（Jeremy Bentham）、詹姆斯·密尔（James Mill）和约翰·斯图尔特·密尔（John Stuart Mill）等人的著作中发展起来的。这是一个我们熟悉的自由主义表述，它试图从个人主义和个人自由的角度来解释民主参与的起源。尽管这一自由主义的表述在发展过程中出现了不同程度的细微差别，但它的基本要点强调，在公共场合表达个人思想和个人意见的自由是现代民主生活的构成要素，不论这些观点对当局来说多么麻烦。[30]

个人在现代民主的形成中扮演了什么样的角色呢？在一个价值观相互冲突的世界里，我们应该如何理解言论自由对培养公共民主生活所产生的社会影响？如前所述，早期的自由主义政治理论家认为，影响民主政治传播的主要变革力量是个人自由、言论自由以及赋予公民参与有关公民权利和政治权利的民主辩论的权力。其他对现代民主的发展有不同解释的作者也同样强调了公众舆论对民主传播的重要性。尤尔根·哈贝马斯（Jürgen Habermas）在其著名的《公共领域的结构转型》一书中，从一个更具批判性的角度出发，追溯了 18 世纪早期在欧洲出现的各种形式的公众舆论，包括文学沙龙、咖啡馆和"餐桌社会"，在那里，各种各样的团体聚集在一起，人们就各种令人眼花缭乱的思想和意识形态交换意见。在这部著作中，面对最近的社会发展，包括大众传媒（报纸、广播、电视）的兴起，哈贝马斯认为 20 世纪的公共领域进入了一个急剧衰落的时期。资本主义的全球扩张和媒体的商品化为公共领域的民主活力带来了严重的问题。哈贝马斯认为，随着资本主义社会腐败的官僚逻辑侵蚀了日常生活中的行政机构，也削弱了更广泛的民主规范的影响力，公共领域萎缩。在《公共领域的结构转型》中，哈贝马斯写道，"大量的消费者，他们的接受能力是公开的，但却是不加批判的"。

尽管这些关于民主和公共生活的概念性表述仍然具有重要意义，但今天的世界显然与 19 世纪和 20 世纪的世界截然不同。正如剑桥大学社会学家约翰·B. 汤普森（John B. Thompson）所言，传媒业向大型企业实体的转变，以及传播的迅速全球化深刻地改变了公共生活和民主的状况。汤普森写道：

> 早期的自由主义思想家没有预料到特定民族国家的自治和主权受到跨国权力网络的发展以及日益全球化的机构活动和政策的限制程度。互联程度显著提高，在信息和通信领域的确是这样，就像在其他商品生产部门一样。在这个全球通信集团扮演生产和分销象征性商品的关键角色的时代，对言论自由条件的反思不能仅局限于民族国家的领土框架内。[31]

在我看来，汤普森强调经济全球化、通信全球化和大型传媒集团的相互作用所导致的民主变革无疑是正确的。由于全球通信网络性质的变化，言论自由受到了重大影响，这些影响有积极的也有消极的。但是，伴随技术变革和科学进步，在现代民主社会中，自由个人不能再被理所当然地认为是言论自由的核心基础。计算能力的巨大增长、人工智能的进步、自然语言处理的创新，以及超高速的数据处理，这些都有助于社交机器人在社交媒体上以有血有肉的人类中介的形象被接受，而这些还仅仅是最近的一些技术发展，它们有理由让我们停下来质疑自由主义和个人主义的民主观念。[32]

代议制民主与公共生活和政治的数字化之间的界限正在变得模糊，这是技术进步的历史性发展。一个普遍的数字世界已经形成，它正在重构全球权力和现代民主国家。社交机器人执行日常自动化的社交媒体操作，影响消费者，并以同样的方式左右政治观点。具有预测功能的人工智能可以根据个人喜好、设备使用情况和社交网络来锁定目标消费者。自动化软件在选举期间通过 Twitter 和 Facebook 传播假新闻来进行政治交流。政府大规模地借助人工智能来推动公民接纳健康、教育、劳动力市场以及环境方面的社会政策；向政府性"大力推动"的转变——将大数据与政策推动相结合——也保证了公民在不参与民主进程的情况下的协调。[33] 我们还可以预见人工智能发展更黑暗的一面：包括印度等国在内的国家政府已经建立了社交媒体实验室来监控在线社交媒体，并创建了大规模中央数据库来进行大规模监控。换句话说，具有预测功能的人工智能、智能算法和大数据已经被国家作为技术工具部署，以收集公民行为和想法信息。这种新的数字化秩序是众多的危险之一，它存在使权力天平倾向于国家的危险，并可能重塑主权政治主体的轮廓。

人工智能对民主构成威胁的一个典型例子是"通俄门"事件，以及对俄罗斯干预 2016 年美国大选话题的大量相关调查。[34] 这些调查的复杂性是多种多样的，但这起政治事件的核心要素（至少就我们的目的而言）可以概括如下：2017 年 1 月，唐纳德·特朗普（Donald Trump）宣誓就任美国总统的时候，联邦调查局、中央情报局和国家安全局"信心十足"地发布了一份报告，称俄罗斯政府进行了一次秘密行动，通过破坏民主党人希拉里·克林顿（Hillary Clinton）的竞选活动并推动共和党人特朗普竞选总统来影响 2016 年美国大选。[35] 同时，特朗普总统对这些说法的准确性进行了质疑，这份报告在全世界掀起轩然大波。当然，现在外国的干预行动已经不是什么新鲜事了，全世界的安全机构一直都在进行这种活动。[36] 美国国家情报局前总监詹姆斯·克拉珀（James Clapper）在谈到这一干预行动的规模时写道："Facebook 表示，俄罗斯影响到了 1.26 亿 Facebook 美国用户，这是一个惊人的数字，因为只有 1.39 亿美国人投了票。"[37]

2017 年 5 月，美国联邦调查局前局长罗伯特·穆勒（Robert Mueller）被任命为特别顾问，负责调查"俄罗斯政府与唐纳德·特朗普个人在总统竞选活动中的任何联系或协调，以及由调查直接引起的或可能引起的任何事项"。在我撰写本书时，特别调查已经导致数十起联邦罪行的起诉，包括特朗普政府和竞选前官员的五项认罪案件。[38] 美国联邦调查局前局长詹姆斯·科米（James Comey）对特朗普政府处理"通俄门"一事做出了严厉的批评。科米在他的著作《更高的忠诚》中写道，在了解情报部门对俄罗斯干预选举的调查结果后，特朗普的团队"对俄罗斯未来可能造成的威胁没有提出任何疑问"。[39] 相反，特朗普及其团队把精力集中在如何"编造我们刚刚告诉他们的内容"来进行媒体报道。在俄罗斯干预美国大选方面，特别顾问穆勒在 2018 年对 26 名俄罗斯公民和 3 家俄罗斯公司提出指控。2018 年 2 月，穆勒针对互联网研究机构（有时被称为"俄罗斯投饵人农场"）涉及旨在干扰 2016 年美国大选的宣传活动发布了第一批起诉书；2018 年 7 月，针对俄罗斯军事情报部门发布了第二批起诉书，其中俄罗斯联邦军队总参谋部情报总局（GRU）官员被控泄露民主党全国代表大会的电子邮件。[40]

《纽约时报》的一系列调查报道揭露了这一干预行动中使用的一些关键手段，重点关注了人工智能和社交媒体机器人的作用。美国情报机构已经确认 DCLeaks.com 网站隶属于俄罗斯军事情报机构 GRU。黑客获取的民主党全国委员会的各种邮件被上传到这个网站，这些邮件又被 Facebook、Twitter 和 Reddit 上的一些用户（包括人类和非人类用户）接收和推广。维基解密准备公布数千封过滤自俄罗斯情报黑客的民主党邮件。也许这场外国干预行动最显著的特点是在社交媒体上进行信息操作，在社交媒体上引起假账户用户对电子邮件泄露的关注和评论。这些经常发布反克林顿信息的数以千计的假账户实际上是机器人——它们能够自动做出反应来影响选民。

曾为联邦调查局调查俄罗斯干预活动的网络情报官员克林顿·瓦茨（Clinton Watts）总结说，社交媒体——包括 Twitter 和 Facebook——导致了"侵蚀平台信任的机器人癌症"。[41] 有些分析人士认为机器人可以通过传播政策信息等方式推动民主进程，然而，这种利用社交媒体机器人左右美国政治观点的做法等同于对民主进程的重大颠覆。正如《纽约时报》调查记者斯科特·谢恩（Scott Shane）在深入研究俄罗斯的"机器人攻击"是如何展开的时候写道：

> 研究人员发现了一长串的机器人账号，它们在几秒钟或几分钟内相继发出相同的信息，并按字母顺序排列。研究人员称它们为"warlist"。在选举当天，一个这样的账号序列发出了 1700 多条来自"匿名波兰"的泄露消息的推文。以下的片段提供了序列的示例：
>
> @edanur01 #WarAgainstDemocrats 17：54
>
> @efekinoks #WarAgainstDemocrats 17：54
>
> @elyashayk #WarAgainstDemocrats 17：54
>
> @emrecanbalc #WarAgainstDemocrats 17：55
>
> @emrullahtac #WarAgainstDemocrats 17：55

简而言之，美国大选期间，Twitter 账户（以及其他社交媒体账户）被机器人接管，其中大部分账户被怀疑与俄罗斯有关。

软件机器人的发展，加上人工智能的兴起，对社会的安全、自由和民主进程造成了前所未有的压力。但是，关于这些因素对民主政治造成的压力，目前尚缺乏批判性分析。一些批评人士认为，对数据挖掘影响民主运作的担忧只是自由派精英或媒体的过度反应，因而他们对此现象的政治意义不加评论。另一些批评人士则更倾向于关注特朗普总统的行为——这位前真人秀明星将白宫改造成真人秀节目现场的行为并不令人惊讶——而非认真考虑由于恶意操纵社交媒体和人工智能来传播谣言而造成的 2016 年美国大选的政治腐败后果。围绕人工智能和民主，有许多难题，必须理解的是，软件机器人和社交媒体"投饵人"向选民传递错误信息的不确定后果必须放在更广泛的社会和政治层面上讨论，而不是仅限于 2016 年美国大选。一方面，正如许多评论员所指出的那样，数据挖掘首先是在 2008 年奥巴马竞选美国总统的活动中使用的。[42] 另一个重要的问题是，通过恶意利用人工智能破坏民主的迹象已经影响到世界各地的选举进程，包括英国脱欧投票和西班牙加泰罗尼亚独立投票。事实上，据牛津大学的计算宣传研究项目估计，在 2015 年，有 40 多个国家使用政治机器人或自动算法来影响公众舆论。[43] 我们需要在这里提出和回答一系列更广泛的问题，但在思考民主是否受到人工智能、算法、自动化和机器学习的威胁时，2016 年美国大选和相关事件的影响仍然是一个焦点。"通俄门"事件之所以在全球具有重要意义，是因为美国安全机构认为，俄罗斯部署的人工智能和社交媒体机器人已经悄无声息地改变了美国人的政治观点，从而使民主政治的程序失去合法性。同时，"通俄门"事件不仅强调了数字变革正在破坏民主政治，而且这种腐败过程主要是通过无形的手段运作的，外国政府为了颠覆自由民主国家的程序、规则和法律，使用了令人难以察觉的软件机器人和智能算法。

　　似乎不言而喻的是，面对人工智能和大数据，民主政治面临的问题是巨大的。[44] 毫无疑问，人工智能和大数据对现代政治和选举活动的入侵，对新信息时代如何保护民主化进程提出了新的问题，更不用说推进民主化进程的问题了。或许目前还不太清楚的是，为什么人工智能和大数据会为破坏代议制民主创造这样的"温床"。当然，朝着微观目标发展的趋势有可能使民族国家进一步远离公共领域的民主，走向让人失望的数字民主，这种民主基于一些狭隘的事件，锁定了一些"愤世嫉俗的选民"，这些事件通常能够激起人们的恐惧感，从而散布虚假主张或错误信息。"通俄门"事件（以及围绕剑桥分析公司数据挖掘的相关事件，在第一章中讨论过）给大数据时代的民主带来了巨大挑战。在这个时代，复杂的人工智能和机器学习越来越多地针对说服性计算和系统的在线环境，在这个有金钱激励措施来宣传错误信息的环境中，广告收入迅速流向那些实现"共鸣"和"分享"的人，而不是那些传播准确事实的人。这些显然是决策者面临的巨大挑战。2018 年初，欧盟任命专家来制定关于打击虚假新闻和网络传谣的建议以应对这一挑战，这些专家包括来自社会组织、新闻媒体组织、社交媒体平台的代表、记者和学者。[45] 我将在本章后面的内容中谈到此类政策的发展。

　　调和新技术与民主的关系是一个极具争议的话题，因此，强调数字变革在威胁公民的民主参与方面对民主政体的巨大影响是非常重要的。今天，"自由社会"中的公民不仅生活在代议制民主中，同时也生活在数字民主中。互联网、社交媒体、假新闻、机器人和趋势算法、数字技术和其他技术创新正在改变民族国家与民主之间已经建立的联系。欺骗性趋势算法和假新闻在政治选举中传播的社会焦虑，其核心在于关注个人参与民主决策和民主政体的集体意志的形成。现在，从最广泛的意义上讲，民主长期以来被认为等同于"多头政体"，即由多数人统治，涉及多体系的制度和程序，以促进辩论和其他意见的表达来对抗权力的滥用。[46] 许多民主理论家强调，言论自由和公民之间为影响政策决策而进行的辩论是民主规范形成的基础。但是，如果将对民主的讨论与对数字化的讨论联系起来，我们可以看到，人工智能日益增长的影响力会对民主政治产生很大的问题。随着数据政治、多种数据流的聚集以及数字监控的不断发展，自由民主的一些核心权利和特权受到了严重威胁。与其他被视为政治平等的公民进行不同观点间的讨论，并考虑对方的意见，对于民主进程非常重要，但是在我们这个软件机器人可以在社交媒体平台上影响公民的时代，这不再被认为是可以毫无问题地进行的事情。简而言之，社会学的趋势可能就是从给计算机编程向给人类编程转变的趋势。[47]

近年来，人工智能已经和干预民主关联起来了，因为机器学习已经影响了人们的感情，并且机器人在大选期间散布了错误的信息。一些批评家已经谈到了民主政治正遭到侵蚀、削弱或破坏，而另一些人（政治家、政治活动人士和公共知识分子）则坚持认为，目前无非是面对新的数字化时代，需要全面重启民主。虽然人工智能已经给传统政治带来了新的局限性，并给民主带来了严峻的挑战，但我在这里提出的论点要强烈批评这种政治性屈从。有关人工智能之后民主的死亡的简单化表述错误地代表了当今挑战和风险的本质。虽然人工智能正在重新构造民主机构支持和维持公众辩论的领域，但政党、公共机构、情报机构和公民也正在更广泛地参与这一重组的过程（例如，通过公众审查和议会调查系统地滥用人工智能驱动技术来操纵选举的情况）。在其他领域，例如媒体和创意产业，创新者提倡采用激进主义的方法来部署新技术以加强民主；而在科学领域，创新者最近重点关注预防策略的研究，以对抗独裁者、罪犯和恐怖分子对人工智能的恶意使用。[48] 从对公共领域的侵蚀和民主衰落的角度来看，这些发展不能令人信服。相反，这些发展更应该被理解为与人工智能文化相关的竞争和冲突领域的扩展。当然，并非所有关于人工智能的争议都是明确的或可以解决的：这种观点将歪曲正在推动全球社会变革的高度技术创新和科学实验。[49] 我认为，民主争论一直是与公众与人工智能进行互动的核心，而不是说人工智能的进步已经使民主陷入僵局。

重要的是弄清楚这里究竟有什么危险。从表面上看，高级人工智能软件机器人、机器学习、大数据、心理分析和社交媒体宣传"投饵人"的出现是席卷整个民主社会，造成动荡的核心。不幸的是，在自由民主思想或古典政治理论的传统中，都不容易找到解决这些社会弊端的概念性和方法性的资料。我也不认为可以从批判性社会理论和哈贝马斯对公共领域变革的描述中获得这些资料。哈贝马斯对这一领域的开拓性贡献可以追溯到 20 世纪 60 年代初，随后在 1968 年德国学生运动中发挥了重要作用。但是在那些文化冲突中，突出的是人，即事件的主角和公众人物。相比之下，今天，政治角逐的前线变得更加不透明，充斥着聊天机器人和相关的新技术。[50] 在这一点上，我们必须以创新的方式重新考虑民主与数字变革之间的关系。首先，民主和数字化不仅仅是简单的对立关系，两者之间其实有着深远的联系。无论人工智能的影响多么深远，总会有些反对派重申隐私权或个人权利来反对所谓的自动机器人入侵和其他机器学习的趋势，这种抵抗性的政治观点是对技术创新现状的严重误解。在这方面，许多学者重新思考了人与智能机器之间的关系，产生了深刻的见解。[51] 费利克斯·瓜塔里（Felix Guattari）在他早期对人工智能会导致非同寻常的全球性变革的预见中说，"今天的信息和通信机器不仅仅传递代表性的内容，而且有助于制造新的个人和集体表达的集合"。[52] 这是一个重要的见解，适当的扩展可以用来把握今天对身份、组织和智能机器的重新排序。社会身份（种族、性别、性取向和政治身份）已与人工智能、自动算法和高级机器学习的平台挂钩，因此这些身份无法避开虚假信息或沟通不畅的问题，无法抵抗人工智能，也无法怀旧地重申自主个人的权利。数字变革带来的全球互联已经构成了一个紧密的关系网，将身份、社会、亚文化和政治偏好联系在了一起。

143

为了对抗人工智能对民主的威胁，一些评论员提出了一种新的"解放政治"的观点，这种观点建立在政府和企业对大数据的无障碍访问或对智能算法的随机抽查的基础上。实际上，这些想法相当于提出一项"数据自由法案"，以应对来自人工智能的挑战。但作为一种抵抗策略，这种观点却鲜为人知，例如，在20世纪70年代末，法国著名哲学家让·弗朗索瓦·利奥塔（Jean-François Lyotard）在《后现代状况》一书中得出结论："给公众访问内存和数据库的自由。"[53]如今，与人工智能政治有关的"数据访问""数据自由"和"数据播放"的讨论正成为学术和公共论坛的重要讨论领域。但是这样的讨论往往没有认识到人工智能对个人和社会关系的深刻影响，尤其对正在进行的自我、社会和智能机器之间关系的重新排序产生的重大影响。相反，一种非此即彼的逻辑往往占上风。例如，在《人民与科技》一书中，杰米·巴特利特（Jamie Bartlett）写道："在未来几年里，要么科技会摧毁我们所知的民主和社会秩序，要么政治会在数字世界上烙下其权威。"[54]在巴特利特看来，今天的"两个不相容的制度之间的大斗争只能产生一个胜利者"，这是不言而喻的。布鲁斯·施奈尔（Bruce Schneier）在《数据与歌利亚》一书中提出了一个紧迫的政治呼吁，要求在处理大规模数据监控时减少保密性，增加透明性。施奈尔写道，"数据是信息时代的污染问题，而保护隐私是环境问题"。[55]但事实上，保护隐私将有助于人工智能的民主化吗？最近一些倡导人工智能民主化的呼声意味着，个人可以轻而易举地要求获得算法或大数据中固有的知识或权力，从而使另一种政治出现。然而，人们实际掌握人工智能如何影响和改变他们生活的程度，以及人工智能重新配置身份和产生新的社会关系表达的扩散方式，无疑还需要进一步的分析和批判性的检验。

对许多政治分析家来说，数字变革的到来标志着隐私的终结——人工智能现在无处不在，每个人的数字经历都可以被监控、操纵或审查。然而，相对于对隐私的侵蚀，我认为，在我们这个人工智能密集的时代，隐私的私密性实际上可能会得到加强。私人世界和公共世界之间对话的可能性越来越脱离政治，越来越受制于政府操控的监控计划或直接的人工智能驱动的商业盈利模式。在政治背景下，合乎逻辑的结果似乎是，民主的未来受到了深刻的威胁，这种威胁来自代表性公共机构在面对数字化转型时日益无能为力，同时政治未能解决让人感到不安和忧虑的一些常见的社会问题。正如齐格蒙特·鲍曼（Zygmunt Bauman）所述："如今，最令人难以忘怀的政治谜团与其说是'该做什么'，不如说是'如果我们知道该做什么，谁会去做'。"[56] 鲍曼这一观点的基本含义是，今天的人们高度适应了在一个全球变革的世界中行动自由的有限性。不过，事情也存在积极的一面。人工智能文化重新设置了身份的多重性，对融合了人类和智能机器的社会关系和技术进行了重新表达。在人工智能广泛而密集存在的世界里，其后果与其说是针对个人的监督权力结构的制度化，不如说是个人和个人生活本质的彻底重组。这些是民主的新赌注，通过人工智能重新配置。

145

◎ 人工智能未来与公共政策

那么，在一个人工智能、机器学习和大数据日益成为媒介的世界里，我们应该如何看待国家治理的未来呢？在人工智能时代，民主政治面临的新问题有没有规范的维度？我们可以找到近年来被认真考虑过的若干政治策略（无疑，我们还可以找到更多），尽管每种策略对现代社会的广泛影响还需要进一步的批判性研究。人工智能参与未来政治的第一种方式就是成为积极参与社会生活的公民的一种数字化工具。数字公民身份是这种方式的核心。政府、社会和企业共同努力，为安全和负责任地使用网络技术创造社会和政治条件。那些主张这种方式的人强调，在先进的技术时代，数字技能对于学习、就业、与他人互动、网上购物、销售、娱乐，以及文化、政治生活中的公民参与都是十分重要的。[57] 数字技术素养的发展是关键所在。各国为提升数字技术素养而采取的措施包括：在学校教授关键媒体知识和基本计算机技能、强调电子安全、建立负责任的网络环境、管理数字信息、打击电子霸凌，以及让人们了解掌握数字技术如何影响人们的民主权利和义务。

在这方面，减少数字排斥和弥合数字技能差距是根本。这就是雷切尔·科尔迪科特（Rachel Coldicutt）所说的"所有人的数字变革，而不仅仅是少数人"。但许多人认为，人工智能和先进机器人技术时代的核心挑战远远超出了数字技术素养的范畴。莱恩·福克斯男爵夫人（Baroness Lane-Fox）称之为"数字理解"的问题。[58] 除了基本的数字技术素养之外，她认为数字理解还包括"使用技术和理解技术对我们生活的实际影响的能力"。[59]

第二个重要的方面是帮助政府处理人工智能问题的公共政策。例如，在英国议会，有几个专门委员会通过采访来自企业界、学术界和智库的专家来研究数字变革问题。英国上议院成立了一个人工智能特别委员会，该委员会建议制定一项章程，规定人工智能应该：① 促进共同利益；② 遵循公平和可理解的原则；③ 尊重隐私权；④ 与教育的全面变革相联系，特别是数字技能的提高；⑤ 不被授予欺骗、伤害或毁灭人类的自主权力。德国政府于 2017 年通过一项法律，对 24 小时内不删除虚假新闻或仇恨信息的社交媒体公司处以高达 5000 万欧元的处罚。[60] 意大利已提议立法，将在网络上发布或分享"虚假、夸大或有倾向性的新闻"的行为定为犯罪行为。如前所述，欧盟已经成立了一个委员会，负责调查虚假新闻和网络谣言的传播，并正在努力推动欧洲各地的反制措施。此外，欧盟议会在 2018 年推出了《通用数据保护条例》（General Data Protection Regulation），该条例扩展了以往的数据保护规则，要求公司在使用个人数据方面获得更充分的授权，并允许该授权在任何阶段被撤销，还规定违反该条例的罚金为公司全球营业额的 4%。

应对人工智能和大数据挑战的公共政策之间的差异很大，在对公共生活的界定或对民主规范的保护方面往往参差不齐。[61] 例如，美国提出了《诚实广告法案》（Honest Ads Act），该法案旨在将"竞选传播"的法律定义从传统媒体扩展到所有公共形式的数字传播。试图在"通俄门"事件后加强对 Facebook 和 Twitter 等公司的监管，尽管批评者很快就指出了这一数字管理尝试的许多技术缺陷。[62] 相比之下，中国政府制定了可以说是管理数字世界的最严格的法规，对允许谣言传播的社交媒体网络运营商进行处罚（包括最高 3 年的监禁）。一些政府提出了这样一个问题：他们的政府现在是否需要一个独立的部门和独立的人工智能战略。这件事在英国由上议院人工智能特别委员会处理，某些国家的政府则进一步做出了行动。2017 年底，阿联酋任命奥马尔·本·苏丹·奥拉马（Omar Bin Sultan Al Olama）为该国第一位人工智能国务部长。

第三种策略侧重于经济市场，但发展了一种不同的观点：系统性修正。这种观点认为，人工智能时代及其技术创新的主要新阶段应该通过开发和实施市场解决方案来管理，特别是围绕着市场的系统性自我修正来管理，这样既有利于政策响应，同时也避免出现可能危及言论自由的限制性规定。这就需要进行结构改革，重点是通过行业行为守则和促进第三方事实核查以及项目审核等手段，提高社会媒体和相关数字组织的透明度和责任感。

有时，"系统性修正"或"市场调整"的倡导者针对的是一些正在努力重塑商业与数字世界之间关系的公司和大型企业集团。[63] 在说明如何实现这种调整方面有一些有意思的例子。联合利华以及宝洁——两大国际广告商——宣布在 2017 年大幅削减广告预算，尤其是数字广告预算（分别削减 60％和 40％）。宝洁的高管表示，做出这一决定是因为微目标定位算法正在导致公司失去其对数字广告目标的控制；人们认为，公司的广告内容往往与社交媒体平台上的争议性问题相关联，其结果是，该公司无意中助长了"令人反感的素材"的传播。这些公司的这种做法导致一些社交媒体平台和数字提供商采用了新的透明度标准并增强了举报力度，将重点放在识别真实内容以及对其进行排序的算法，实施反跟踪和广告屏蔽，以及与独立的事实核查机构重新建立联系。[64] 同样，确实出现了一批维权团体向广告商施压的浪潮，要求他们与目标媒体网站和社交媒体平台保持距离。[65] 例如，Twitter 账户 Sleeping Giants 通过发布在 Breitbart News 上出现的广告的截图取得了相当大的胜利（迫使一些商家撤下了在这个网站上的广告）。然而，这样的发展是否能取代法律以及媒体治理的力量，是一个更为棘手的问题。

迄今为止，上述所有的策略都为公共政策提供了信息，以应对人工智能和大数据对民主政治构成的挑战。然而，关注人工智能和民主的现状和未来可能性的一些作者在这方面更为积极。一些人认为，虽然自动化社交媒体机器人的出现给公共领域和民主进程带来的危险相当大，但也必须抓住人工智能给民主带来的潜在好处。例如，约翰·库克（John Cook）认为，支持虚假新闻传播的技术也可以用来对付虚假新闻，因为评估算法的速度现在远远快于人类检验者的速度。[66] 人工智能可能被用来应对假新闻问题，这一想法很有意思（因为人工智能同时也可能被用于传播假新闻），一些批评人士指出，虚假信息检测系统在发现虚假信息方面的准确率达到了 90%。[67] 其他作者提出了可以利用算法决策工具提升民主的论点，业已提出的一些策略包括部署人工智能为当局解决复杂社会问题提供决策支持。有人认为，人工智能可以提高决策的效率和公平性，从而更好地决定资源的分配。[68] 这里的假设是，人工智能不受政治或意识形态偏见以及其他人为失误的影响。这将需要对数据驱动的人类行为分析在信用评估、招聘和医疗保健等领域的现有应用进行扩展。

尽管这些观点抓住了人工智能对民主政治发展和深化可能做出的一些贡献，但这种思维中的大部分过于功能化和偏向技术决定论，忽视了不断变化的社会实践所具有的复杂的社会和情感基础。在这些文献中，有一个标志性的问题没有得到妥善解决，尽管一些批评者认为人工智能表面上不会复制和放大偏见及人类的其他失误，但事实上，已经有证据证明人工智能的确起到了这样的作用。[69] 例如，美国司法部门在刑事司法系统中越来越多地配备了自动风险评估报告，评估囚犯重新犯罪的可能性，这直接影响了对其做出假释的决定。最近的一份报告显示，这些算法存在着强烈的种族偏见：黑人囚犯再次犯罪的风险分数被评估得非常高，而白人囚犯（其中一些人会继续犯下更多的罪行）被评估为再次犯罪的风险很低。[70] 用于生成未来犯罪预测模型的"预测性警务"算法也暴露出类似的问题，这一算法利用以往犯罪的时间和地点数据锁定某些社区或者某些人。[71] 从某个角度看，新数字技术的好处显然比其倡导者认识到的更加具有不确定性。人工智能的倡导者经常夸大复杂算法的变革潜力，没有认识到机器学习依赖于大量的数据，而这些数据本身就包含偏见，是不完整或者缺乏多样性的。认为人工智能具有社会变革性质的人有时也表现出对数学程序中立或不受偏见影响这一观点的过分信任。[72] 人工智能技术在社会机构中的使用往往比技术乐观主义者承认的更为复杂和更有争议性。[73]

面对人工智能和大数据带来的机遇和挑战，需要一系列的策略，而不是单一的方法，这在很大程度上取决于以下几方面的综合发展，包括全球治理、地方监管机制、市民社会参与、企业支持和商业法规。而全民对数字技术的深化了解将是至关重要的因素。世界各国政府在平衡技术创新、科学进步与民众支持，特别是在就业政策方面时，将面临越来越多的困境。接受人工智能和先进机器人技术的不确定领域关乎一个开放性的政治进程。当谈到人工智能时代的就业以及机器学习如何影响教育和数字技能的发展等重大挑战时，不确定性和风险性可能仍然是公共政策领域的普遍特征。

我们目前的全球秩序建立在智能机器在日常社会生活中的广泛分布的基础之上。随着人工智能新的全球叙事以及工业 4.0 和物联网的出现，我们用于理解社会生活的传统理论框架不再适用。如果说当前数字变革引发的社会、文化和政治的辩论给我们带来了什么启示的话，那就是技术创新的范围、强度、速度和长期后果是如此之大，我们可能会发现已经没有足够的思维方式或理论框架来理解这些变化的影响。也许正如安东尼·吉登斯（Anthony Giddens）所说，我们现在生活在"历史的边缘"。[74] 当然，我们今天需要的不是新技术时代的新术语，比如后人文主义的说法，而是关于智能机器的传播如何改变我们生活的批判性思考，这实际上给社会理论带来了新的挑战。史蒂芬·霍金曾说："强大的人工智能的崛起将是人类有史以来最好或最坏的事情。"[75] 但也许这并不是一种非此即彼的情况，而是两者兼而有之。如果是这样的话，如何面对矛盾性和应对不确定性就是人工智能革命的关键。我们需要新思维来面对这一激动人心的挑战，打破令人窒息的理论正统，以探索新的问题。这方面的例子层出不穷。跨语言研究人工智能发展出通用翻译器的可能性；复制人脑，以建立更具情感敏感性的人工智能；[76] 精心设计能够处理医学图像的算法，如 CT 扫描和 X 射线，以应对世界各地医学专家短缺的情况；

设计可以自动驾驶的空中出租车，以避开大城市的交通堵塞……这样的创新数不胜数。这在很大程度上不仅取决于这些技术创新在未来几年中如何从科学的角度实施，而且关键在于这些科学进步如何成为大规模社会系统的基础或者如何嵌入其中。人工智能、机器学习和机器人技术的进步不仅仅是一种科学发现，还从根本上给生活经验、人类实验和社会未来带来了矛盾。

注　释

◎ 序言

1. 瑞秋是一个虚构的角色，我虚构她是为了说明在人工智能条件下嵌入日常生活的情感文化。有关如何从自我的生产和表现中"解读出"全球化进程的探讨，参看 Anthony Elliott, *Concepts of the Self*，3rd edition，Cambridge：Polity Press，2014.

2. www. mensjournal. com/gear/quip-review-toothbrush-dental-hygiene-brushing-teeth/；关于英国上议院调查人工智能的网络安全证据，参看 http：//data. parliament. uk/writtenevidence/committeeevidence. svc/evidencedocument/artificial-intelligence-committee/artificial-intelligence/written/75825. html.

3. https：//venturebeat. com/2018/06/14/ziprecruiter-announces-ai-tool-that-matches-businesses-with-ideal-job-candidates/.

4. www. wsj. com/articles/cutting-edge-cat-toys-your-pet-wont-immediately-destroy-1520361361.

5. www. howtogeek. com/347408/why-smart-fridges-are-the-future/.

6. https：//venturebeat. com/2017/07/09/how-ai-will-help-you-sleep-better-at-night/.

7. 在澳大利亚，CSIRO 的 Data61 机构已受政府任命，负责领导制作国家人工智能路线图，用于指导未来的国家投资、人工智能和机器学习。参看 Adrian Turner，"We Need to Drop the Robots-Are-Taking-Our-Jobs Mindset"，*Australian Financial Review*，July 13，2018，www. afr. com/technology/perfect-examples-of-why-our-ai-conversation-is-all-wrong-20180710-h12i3t.

8. IBM 正在主导这项 AI 提案，参看 www. ibm. com/blogs/ research/2018/03/microscopic-reality-ai-microscopes/.

9. Nick Bostrom，*Superintelligence：Paths，Dangers，Strategies*，Oxford：Oxford University Press，2014；Toby Walsh，*It's Alive：Artificial Intelligence from the Logic Piano to Killer Robots*，Carlton，Vic.：La Trobe University Press，2017.

10. 布拉顿将这种巨型结构称为"堆栈"，我发现这是一个缺乏分析精度的概念，它未能对日常生活在先进人工智能的全球化环境中的嵌入和重新嵌入的时空维度提供充分的理论依据。参看 Benjamin H. Bratton，*The Stack：On Software and Sovereignty*，Cambridge，MA：MIT Press，2015.

11. McKinsey & Co.，"Artificial Intelligence：Implications for China"，*McKinsey Global Institute*，April 2017.

12. Dr. Arnand S. Rao，Gerard Verweij et al.，"Sizing the Prize：What's the Real Value of AI for Your Business and How Can You Capitalize?"，*PwC Global Artificial Intelligence Study*，*Exploiting the AI Revolution*，June 27，2017.

13. 人工智能对地缘政治的重要性尚未得到充分分析，但是可以参看 Kai-Fu Lee，*AI Superpowers：China，Silicon Valley，and the New World Order*，San Diego，CA：Houghton Mifflin Harcourt，2018；James Bridle，*New Dark Age：Technology and the End of the Future*，New York：Verso，2018.

◎ 导言 ⋯⋯⋯⋯⋯⋯⋯⋯⋯⋯⋯⋯⋯⋯⋯⋯⋯⋯⋯⋯⋯⋯⋯⋯⋯

1. 有关人工智能的前史，参看 Jessica Riskin（ed.），*Genesis Redux：Essays in the History and Philosophy of Artificial Life*，Chicago：University of Chicago Press，2007；John Cohen，*Human Robots in Myth and Science*，A. S. Barnes，1967；Eric Wilson，*Melancholy Android：On the Psychology of Sacred Machines*，Albany，NY：SUNY Press，2006.

2. 这一评论是由 Pamela McCorduck 做出的，参看 http：//expediteconsulting. com/invention-artificial-intelligence-means-world-work/.

3. Nils J. Nilsson，*The Quest for Artificial Intelligence：A History of Ideas and Achievements*，Cambridge：Cambridge University Press，2010.

4. Ismail Al-Jazari，*The Book of Knowledge of Ingenious Mechanical Devices*. Trans. Donald Hill，Dordrecht：D. Reidel Publishing Company，1979.

5. Kevin LaGrandeur，"The Persistent Peril of the Artificial Slave"，*Science Fiction Studies*，（38），2011，pp. 232-251.

6. Gaby Wood，*Edison's Eve：A Magical History of the Quest for Mechanical Life*，New York：Anchor，2003.

7. Ian Bogost，"'Artificial Intelligence' Has Become Meaningless：It's Often Just a Fancy Name for a Computer Program"，*The Atlantic*，March 4，2017，www. theatlantic. com/technology/archive/2017/03/what-is-artificial-intelligence/518547/.

8. 例如，在回顾人工智能研究的前 50 年历程时，Hamid Ekbia 总结了人工智能研究的 8 种主要的科学和工程方法，每种方法对于什么是"智能"的描述都不尽相同。参看 Hamid Ekbia，"Fifty Years of Research in Artificial Intelligence"，*Annual Review of Information Science and Technology*，44（1），2010，pp. 201-247.

9. 英国商务部，"Energy and Industrial Strategy，Industrial Strate-gy：Building a Britain Fit for the Future"（November 2017），p. 37，www. gov. uk/government/uploads/system/uploads/attachment _ data/file/664563/industrial-strategy-white-paper-web-ready-version. pdf（accessed May 23，2018）.

10. PwC，"Sizing the Prize：PwC's Global Artificial Intelligence Study"，2017，www. pwc. com/gx/en/issues/data-and-analytics/publi-cations/artificial-intelligence-study. html.

11. 最近，在一种新的验证码破解算法方面，有相当多的学术讨论和公众讨论。作为图灵测试的另一种形式，全自动区分计算机和人类的图灵测试（CAPTCHA）已经安装在网站上，用于区分人类用户和潜在的恶意机器人。虽然人类通常会认为这些问题很容易解决，但对于分类算法来说，这些问题很难解决。例如，基于高级神经网络的验证码破解算法需要至少 5 万张训练图像。人工智能初创公司 Vicarious 的研究人员在 2018 年发布了一项新的有关算法的研究成果，该算法使用递归皮层网络（一种生成视觉模型），可以用很少的训练数据破解基于文本的验证码。新一代的验证码正在开发中，它可进行辨认，还可进行语境理解，或者寻找人类行为的迹象。这方面的一个例子是谷歌的"Invisible reCAPTCHA"，它主要观察鼠标移动的方式和点击页面所需的时间。参看 Dileep George et al. ，"A Generative Vision Model that Trains with High Data Efficiency and Breaks Text-Based CAPT-CHAs"，*Science*，358，2017，http：//science. sciencemag. org/con-tent/358/6368/eaag2612/tab-pdf；Matt Burgess，"Captcha Is Dying. This Is How It's Being Reinvented for the AI Age"，*Wired*，October 26，2017，www. wired. co. uk/article/captcha-automation-broken-histo-ry-fix.

12. John Searle，"The Chinese Room"，in R. A. Wilson and F. Keil（eds. ），*The MIT Encyclopedia of the Cognitive Sciences*，Cam-bridge，MA：MIT Press，1999.

13. 图灵测试之后，塞尔的"中文房间论证"是认知科学中争论最为广泛的哲学观点。参看 M. Shaffer，"A Logical Hole in the Chinese

Room", *Minds and Machines*，19（2），2009，pp. 229-235；G. Rey，"What's Really Going On in Searle's 'Chinese Room'"，*Philosophical Studies*，50，1986，pp. 169-185；G. Rey，"Searle's Misunderstandings of Functionalism and Strong AI"，in Preston and Bishop（eds.），*Views into the Chinese Room：New Essays on Searle and Artificial Intelligence*，2002，pp. 201-225.

14. 不仅在私营企业中，而且在高等教育机构中，有关未来的研究已成为热点。最近一个很好的例子是在英国兰卡斯特大学设立了社会未来研究所。当然，也有很多非常成熟的有关未来的学术论坛，最著名的是夏威夷大学的夏威夷研究中心开展的未来研究活动。

15. 虽然 Fitbit 和 Apple watch 等一些可穿戴设备是主流，但它们的主要作用是收集信息和反馈特定参数。Apple watch 目前提供了一些支持人工智能的服务，比如 Siri，但是这实际上是通过手表连接 iPhone 来实现的。

16. www. vtpi. org/avip. pdf.

17. 有关自动驾驶汽车的更深层次的论述，参看 H. Lipson and M. Kurman，*Driverless：Intelligent Cars and the Road Ahead*，Cambridge：MIT Press，2016.

18. 参看 Malene Freudendal-Pedersen and Sven Kesselring（eds），*Exploring Networked Urban Mobilities：Theories，Concepts，Ideas*，London：Routledge，2018.

19. www. newscientist. com/article/mg23030732-600-london-to-see-fleet-of-driverless-cars-on-public-roads-this-year/.

20. 参看 Gwyn Topham，"Driverless Pods Plot New Course to Overtake Humans"，*The Guardian*，April 25，2017，www. theguardian. com/technology/2017/apr/25/autonomous-car-projects-plot-course-uk-driverless-future.

21. www. businessinsider. com. au/why-driverless-cars-will-be-safer-than-human-drivers-2016-11？r＝US&IR＝T.

22. H. Claypool，A. Bin-Nun，and J. Gerlach，*Self-Driving Cars：The Impact on People with Disabilities*，Boston：Ruderman

Foundation，2017.

23. Daisuke Wakabayashi，"Self-Driving Uber Car Kills Pedestrian in Arizona"，*New York Times*，March 19，2018，www. nytimes. com/ 2018/03/19/technology/uber-driverless-fatality. html.

24. Hod Lipson and Melba Kurman，*Fabricated：The New World of 3D Printing*，Hoboken，New Jersey：John Wiley & Sons，2013.

25. Thomas Birtchnell and John Urry，*A New Industrial Future? 3D Printing and the Reconfiguring of Production*，*Distribution*，*and Consumption*，London：Routledge，2016.

26. www. domain. com. au/news/3dprinted-house-built-in-just-three-hours-in-chinas-xian-20150729-gim4e9/.

27. www. dailymail. co. uk/sciencetech/article-3322801/Will-huma-noid-Mars-Nasa-gives-superhero-robots-universities-train-deep-space-mi ssions. html.

28. 科学技术研究领域（STS）为发展这一观点做了大量工作。关于"技术的社会塑造"方法的更多信息，参看 D. MacKenzie and J. Wajcman，*The Social Shaping of Technology*，Buckingham，UK：Open University Press，1999. 在本书第一章，我就这一方面做了新的解读。也可参考 Anthony Elliott，*Identity Troubles*，London and New York：Routledge，2016.

29. Nigel Thrift，"The 'Sentient' City and What It May Portend"，*Big Data & Society*，1（1），2014，p. 9.

30. www. images-et-reseaux. com/sites/default/files/medias/blog/ 2011/12/the-2nd-economy. pdf.

31. www. itu. int/net/pressoffice/press _ releases/2015/17. aspx＃. VWSF32Bjq-Q.

32. www. bcg. com/documents/file100409. pdf.

33. 根据这份报告，一些行业将它们的预测数据下调至 300 亿台。https：//spectrum. ieee. org/tech-talk/telecom/internet/popular-inter-net-of-things-forecast-of-50-billion-devices-by-2020-is-outdated.

34. Erik Brynjolfsson and Andrew McAfee，*The Second Machine Age：Work，Progress，and Prosperity in a Time of Brilliant Technologies*，New York and London：WW Norton ＆ Company，2014；M. Ford，*Rise of the Robots：Technology and the Threat of a Jobless Future*，New York：Basic Books，2015；J. Rifkin，*The Third Industrial Revolution：How Lateral Power Is Transforming Energy，the Economy，and the World*，Basingstoke：Palgrave Macmillan，2011；Nicholas G. Carr，*The Big Switch：Rewiring the World，from Edison to Google*，New York and London：WW Norton ＆ Company，2008.

◎ 第一章　数字世界

1. Zoe Flood，"From Killing Machines to Agents of Hope：The Future of Drones in Africa "，*The Guardian*，July 27，2016，www. theguardian. com/world/2016/jul/27/africas-drone-rwanda-zipline-kenya-kruger.

2. 一些报道预测，无人机将改变农业、野生动物管理和灾害监测系统的各个方面。参看 Ivan H. Beloev，"A Review on Current and Emerging Application Possibilities for Unmanned Aerial Vehicles"，*Acta Technologica Agriculturae*，19（3），2016，pp. 70-76.

3. Sherisse Pham，"Drone Hits Passenger Plane in Canada"，*CNN News*，October 16，2017，http：//money. cnn. com/2017/10/16/technology/drone-passenger-plane-canada/index. html.

4. 无人机有可能被用来提供医疗和药品，参看 Cornelius A. Thiels，Johnathon M. Aho，Scott P. Zietlow，and Donald H. Jenkins，"Use of Unmanned Aerial Vehicles for Medical Product Transport"，*Air Medical Journal*，34（2），2015，pp. 104-108. 无人机也可用于绘制传染病分布图，参看 Kimberly M. Fornace，Chris J. Drakeley，Timothy William，Fe Espino，and Jonathan Cox，"Mapping Infectious Disease Landscapes：Unmanned Aerial Vehicles and Epidemiology"，*Trends in Parasitology*，30（11），2014，pp. 514-519.

5. Clement Uwiringiyimana，"Rwanda to Start Using Drones to Supply Vaccines，Blood in August"，*Reuters*，May 14，2016，www. reuters. com/article/us-africa-economy-rwanda-drones-idUSKCN0Y426D.

6. Madhumita Murgia，"Lord Norman Foster to Build World's First Droneport in Rwanda"，*The Telegraph*，September 21，2015，www. telegraph. co. uk/technology/news/11879956/Lord-Norman-Foster-to-build-worlds-first-droneport-in-Rwanda. html.

7. 尽管各方对"无辜"的定义存在争议，但我们要了解21世纪初美国的无人机政策涉及平民死亡问题的概述和讨论，参看 Ian G. R. Shaw，"Predator Empire：The Geopolitics of US Drone Warfare"，*Geopolitics*，18（3），2013，pp. 536-559.

8. 尚塔尔·格鲁特探讨了军用机器人给国际人道主义法带来的一系列严重问题。虽然目前存在一些法律机制来规范自主战争，但这些机制不足以解决自主武器系统产生的所有问题。参看 Chantal Grut，"The Challenge of Autonomous Lethal Robotics to International Humanitarian Law"，*Journal of Conflict and Security Law*，18（1），2013，pp. 5-23.

9. John Urry，*Global Complexity*，Cambridge：Polity Press，2003.

10. "Digital Skills Crisis"，House of Commons Science and Technology Committee，UK Parliament，Second Report of Session 2016-17，https：//publications. parliament. uk/pa/cm201617/cmselect/cmsctech/270/270. pdf.

11. Karin Knorr Cetina，"From Pipes to Scopes：The Flow Architecture of Financial Markets"，*Distinktion*，（7），2003，pp. 7-23.

12. Ayres and Miller，"The Impacts of Industrial Robots"，1981，p. 3；V. Sujan and M. Meggiolaro，*Mobile Robots：New Research*，New York：Nova Science Publishers，2005，p. 42.

13. John Urry，*What is the Future*？Cambridge：Polity Press，2016.

14. John B. Thompson，*The Media and Modernity：A Social Theory of the Media*，Stanford：Stanford University Press，1995，p. 153.

15. Manuel Castells，*The Collapse of Soviet Communism：A View from the Information Society*，Los Angeles：Figueroa Press，2003.

16. Adam Greenfield，*Everyware：The Dawning Age of Ubiquitous Computing*，Berkeley：New Riders，2006.

17. 出处同上。

18. Semiconductor Transistor Association，*International Technology Roadmap for Semiconductors*，2015，www. semiconductors. org/ main/2015 _ international _ technology _ roadmap _ for _ semiconductors _ itrs/（accessed August 31，2016）.

19. 许多著作都对技术的高速发展表示怀疑，其中包括 Bob Seidensticker 的著作《炒作未来》（*Future Hype*）。Bob Seidensticker，*Future Hype：The Myths of Technology Change*，San Francisco：Berrett-Koehler Publishers，2006.

20. www. theverge. com/2015/6/8/8739611/apple-wwdc-2015-stats-update.

21. 许多以社会监控为写作主题的作家，如克里斯蒂安·福克斯（Christian Fuchs），都深受米歇尔·福柯（Michel Foucault）作品的影响。然而，值得注意的是，有许多人呼吁承认福柯理论的局限性，特别是在全景敞视主义这一问题上。参看 Kevin Haggerty，"Tear Down the Walls：On Demolishing the Panopticon"，in D. Lyon（ed.），*Theorizing Surveillance：The Panopticon and Beyond*，Uffculme，Devon：Willan Publishing，2006，pp. 23-45.

22. David Lyon，*Surveillance Studies*，Cambridge：Polity Press，2007.

23. Rob Kitchin，*The Data Revolution*，New York：SAGE Publications，2014.

24. 有关进一步的讨论，参看 Christian Fuchs，"New Media，Web 2. 0 and Surveillance"，*Sociology Compass*，5（2），2011，pp. 134-147；Samantha Adams，"Post-Panoptic Surveillance through Healthcare Rating Sites"，*Information，Communication and Society*，16（2），2013.

25. 剑桥分析公司（Cambridge Analytica）成立于 2013 年，是战略通信实验室公司（Strategic Communications Laboratories）的子公司。战略通信实验室公司是由美国对冲基金经理罗伯特·默瑟（Robert Mercer）部分控股的公司，他大力支持各种保守党的政治事业。史蒂夫·班农（Steve Bannon）当时是极右翼的《布雷巴特新闻》（*Breitbart News*）的出版商，后来成了唐纳德·特朗普（Donald Trump）的顾问，也是剑桥分析公司的副总裁。参看 Matthew Rosenberg，Nicholas Confessore，and Carole Cardwalladr，"How Trump Consultants Exploited the Facebook Data of Millions"，*New York Times*，March 17，2018，www. nytimes. com/2018/03/17/us/politics/cambridge-analytica-trump-campaign. html.

26. 在一份英国电视调查报告中，剑桥分析公司当时的首席执行官亚历山大·尼克斯（Alexander Nix）（后来被公司停职）向一名卧底记者吹嘘 2016 年的特朗普竞选："我们做了所有的研究，包括数据相关的分析研究，以及目标定位，我们进行了所有的数字竞选和电视竞选，我们的数据为所有的策略提供了参考。"参看 ABC News，"Cambridge Analytica Bosses Claimed They Invented 'Crooked Hillary' Campaign，Won Donald Trump the Presidency"，March 21，2018，www. abc. net. au/news/2018-03-21/cambridge-analytica-claimed-it-secured-donald-trump-presidentia/9570690.

27. Bruce Schneier，*Data and Goliath：The Hidden Battles to Collect Your Data and Control Your World*，New York：Norton，2015，p. 7.

28. Louise Amoore，"Algorithmic War：Everyday Geographies of the War on Terror"，*Antipode*，41，2009，pp. 49-69.

29. Bruce Schneier，*Data and Goliath*，p. 91.

30. 有关"后人类"的更多信息，参看 Nicholas Gane，"Posthuman"，*Theory，Culture & Society*，23（2-3），2006，pp. 431-434. 关于"超人类"立场的相关著作，最著名的是 Steve Fuller 和 Veronika Lipinska 的 *The Proactionary Imperative：A Foundation for Transhumanism*，New York：Palgrave Macmillan，2014.

31. 这方面最好的概述参看 Hubert L. Dreyfus，"Why Heideggerian AI Failed and How Fixing it Would Require Making it More Heideggerian"，*Artificial Intelligence*，171，2007，pp. 1137-1160.

32. Lewis Mumford，*Technics and Civilization*，New York and Burlingame：Harbinger，1962；Leo Marx，*The Machine in the Garden：Technology and the Pastoral Ideal*，Oxford：Oxford University Press，2000；Langdon Winner，"Do Artefacts Have Politics"，*Daedalus*，109（1），1980，pp. 121-136；Thomas Hughes，*Human-Built World：How to Think about Technology and Culture*，Chicago：University of Chicago Press，2004.

33. Harry Collins，"What Is Tacit Knowledge"，in T. R. Schatzki，K. Knorr Cetina and E. von Saviguy（eds.），*The Practice Turn in Contemporary Theory*，London and New York：Routledge，2001；Alan Wolfe，"Mind，Self，Society and Computer：Artificial Intelligence and the Sociology of Mind"，*American Journal of Sociology*，95（5），1991，pp. 1073-1096.

34. Bruno Latour，*Pandora's Hope*，Cambridge，MA：Harvard University Press，1999；Bruno Latour，*Reassembling the Social：An Introduction to Actor-Network-Theory*，Oxford：Oxford University Press，2005.

35. Michel Serres，*Hermes：Literature，Science，Philosophy*，Baltimore and London：John Hopkins University Press，1982；Isabelle Stengers，*Cosmopolitics Ⅱ*，Minneapolis：University of Minnesota Press，2011.

36. 拉图尔谈到人工智能问题的少数研究之一：Bruno Latour，"Social Theory and the Study of Computerized Work Sites"，in W. J. Orlinokowski，G. Walsham（eds.），*Information Technology and Changes in Organizational Work*，London：Chapman and Hall，1996，pp. 295-307. 对于拉图尔思想在人工智能和机器人领域的适用性问题的善意批评，参看 Raya A. Jones，"What Makes a Robot 'Social'"，*Social Studies of Science*，47（4），2017，pp. 556-579.

37. Lucy Suchman, *Human-Machine Reconfigurations*, Cambridge: Cambridge University Press, 2007; Paul Dourish and Genevieve Bell, *Divining a Digital Future*, Boston, MA: MIT Press, 2011; Judy Wajcman, *Pressed for Time: The Acceleration of Life in Digital Capitalism*, Chicago: The University of Chicago Press, 2015; Susan Leigh Star, "The Ethnography of Infrastructure", *American Behavioral Scientist*, 43 (3), 1999, pp. 377-391.

38. Rosi Braidotti, *The Posthuman*, Cambridge: Polity, 2013, p. 42.

39. Nigel Thrift, *Knowing Capitalism*, New York: SAGE Publications, 2005; and Nigel Thrift, *Non-Representational Theory: Space, Politics, Affect*, New York: Routledge, 2007.

40. Nigel Thrift, *Non-Representational Theory*, p. 30.

41. Anthony Giddens, *The Consequences of Modernity*, Cambridge: Polity Press, 2013; Anthony Giddens, *Modernity and Self-identity: Self and Society in the Late Modern Age*, Stanford: Stanford University Press, 1991; Ulrich Beck and Elisabeth Beck-Gernsheim, *Individualization: Institutionalized Individualism and its Social and Political Consequences*, New York: SAGE Publications, 2001; Zygmunt Bauman, *Liquid Lives*, Cambridge: Polity Press, 2005; Zygmunt Bau-man, *Liquid Modernity*, Cambridge: Polity Press, 2000.

42. Anthony Giddens, *The Consequences of Modernity*, p. 38.

43. Anthony Giddens, "Off the Edge of History: The World in the 21st Century", *London School of Economics and Political Science*, www. youtube. com/watch? v=bbkyiRCef7A.

44. Anthony Elliott, *Reinvention*, New York: Routledge, 2013; Cornelius Castoriadis, *The Imaginary Institution of Society*, Cambridge: Polity Press, 1987; Anthony Elliott, "DIY Self-design: Experimentation across Global Airports", in *Identity Troubles: An Introduction*, New York: Routledge, 2015.

45. Anthony Elliott and Charles Lemert，*The New Individualism*：*The Emotional Costs of Globalization*，2nd edition，London and New York：Routledge，2009；Anthony Elliott and John Urry，*Mobile Lives*，London and New York：Routledge，2010；Anthony Elliott and Bryan S. Turner，*On Society*，Cambridge：Polity Press，2012；Anthony Elliott，Masataka Katagiri and Atsushi Sawai（eds.），*Contemporary Japanese Social Theory*，London and New York：Routledge，2013.

46. 我在最近的一些研讨中也借鉴了这些理论方法，并试图对其进一步发展做出贡献。参看 Anthony Elliott，*Reinvention*；Anthony Elliott，*Identity Troubles*，London and New York：Routledge，2016.

163

◎ 第二章 机器人技术的兴起

1. John Maynard Keynes，"Economic Possibilities for our Grandchildren"，in J. M. Keynes（ed.），*Essays in Persuasion*（with a new introduction by Donald Moggridge），Basingstoke：Palgrave Macmillan，2010（1930），pp. 321-333.

2. Karl Marx，*Capital*（*Volume* 1），New York：International Publishers，1987.

3. Karl Marx，*Grundrisse*：*Introduction to the Critique of Political Economy*. Trans. Martin Nicolaus，New York：Random House，1973，p. 704.

4. 出处同上，p. 705.

5. M. Betancourt，"Automated Labor：The 'New Aesthetic' and Immaterial Physicality"，*CTheory*，2013，pp. 2-5；T. Morris-Suzuki，"Robots and Capitalism"，*New Left Review*，（147），1984，pp. 109-121.

6. 第一次有社会理论参与的关于机器人技术和人工智能技术创新的争论和相关的社会学批判，参看 Ross Boyd and Robert J. Holton，"Technology，Innovation，Employment and Power：Does Robotics and Artificial Intelligence Really Mean Social Transformation?"，*Journal of*

Sociology，2017（Online First）doi. org/10. 1177/ 1440783317726591.

7. Joel Mokyr，Chris Vickers，and Nicolas Ziebarth，"The History of Technological Anxiety and the Future of Economic Growth：Is This Time Different?"，*Journal of Economic Perspectives*，29（3），2015，pp. 31-50；Joel Mokyr，"The Past and the Future of Innovation：Some Lessons from Economic History"，*Explorations in Economic History*，2018（Online First），https：//doi. org/10. 1016/j. eeh. 2018. 03. 003.

8. 一种更加悲观的怀疑论认为，所有重要的发明（蒸汽机、电力、内燃机）都已经出现，未来的创新将不会对"经济逆风"（人口老龄化、不断加剧的社会不平等或公共和私人债务居高不下）产生足够的影响，而这些正是影响就业的关键因素。参看 Robert J. Gordon，*The Rise and Fall of American Growth*，Princeton：Princeton University Press，2016.

9. Geoff Colvin，*Humans Are Underrated：What High Achievers Know That Brilliant Machines Never Will*，New York：Penguin，2015.

10. 出处同上，p. 4.

11. David Autor and Anna Salomons，"Is Automation Labor Displacing? Productivity Growth，Employment and the Labor Share"，*Brookings Papers on Economic Activity*，2018，www. brookings. edu/ wp-content/uploads/2018/03/1 _ autorsalomons. pdf；David Autor，"Why Are There Still So Many Jobs?"，*Journal of Economic Perspectives*，29（3），2015，pp. 3-30；David Autor，Frank Levy and Richard Murnane，"The Skill Content of Recent Technological Change"，*Quarterly Journal of Economics*，118（4），2003，pp. 1279-1333.

12. Georg Graetz and Guy Michaels，"Robots at Work"，2015，http：// cep. lse. ac. uk/pubs/download/dp1335. pdf.

13. 出处同上，p. 4.

14. J. Wajcman，"Automation：Is It Really Different This Time?"，*The British Journal of Sociology*，68（1），2017，pp. 119-127.

15. Erik Brynjolfsson and Andrew McAfee，*The Second Machine Age：Work，Progress，and Prosperity in a Time of Brilliant Technol-*

ogies，New York：WW Norton & Company，2014，p. 8.

16. Martin Ford，*The Rise of the Robots*：*Technology and the Threat of a Jobless Future*，New York：Basic Books，2015；Ursula Huws，*Labor in the Global Digital Economy*：*The Cybertariat Comes of Age*，New York：Monthly Review Press，2014.

17. Klaus Schwab，*The Fourth Industrial Revolution*，Geneva：World Economic Forum，2016.

18. Richard Susskind and Daniel Susskind，*The Future of the Professions*：*How Technology Will Transform the Work of Human Experts*，Oxford：Oxford University Press，2015.

19. Jeremy Rifkin，*The End of Work*：*The Decline of the Global Labor Force and the Dawn of the Post-Market Era*，New York：Putnam，1995.

20. 感谢 Sven Kesserling 帮助我理解这些对公司规模产生的重要影响。

21. Henry Mintzberg，"Power in and around Organizations"，in *The Theory of Management Policy Series*，Englewood Cliffs，NJ：Prentice Hall，1983.

22. www. bmw-connecteddrive. com. au/app/index. html#/portal.

23. Anthony Giddens，*Runaway World*，London：Profile Books，1999.

24. Stephen Bertman，*Hyperculture*：*The Human Cost of Speed*，London：Praeger Publishers，1998；Thomas Hylland Eriksen，*Tyranny of the Moment*：*Fast and Slow Time in the Information Age*，London：Pluto Press，2001.

25. S. E. Black and L. M. Lynch，"What's Driving the New Economy?：The Benefits of Workplace Innovation"，*The Economic Journal*，114（493），2004；K. Kelly，*New Rules for the New Economy*：10 *Radical Strategies for a Connected World*，New York：Penguin，1999.

26. 人们对 2008 年全球金融危机的社会学含义做了多方面探讨，参看 Robert J. Holton，*Global Finance*，London：Routledge，2012；D. Bryan and M. Rafferty，"Financial Derivatives as Social Policy beyond

Crisis"，*Sociology*，48（5），2014，pp. 887-903.

27. John Saul，*The Collapse of Globalism*，New York：Atlantic，2005.

28. 当然，离岸外包是一个涉及多方面的复杂问题，我在这里无法对此做充分的论述。关于离岸外包更深入的社会学描述，请参看 John Urry，*Offshoring*，London：Polity，2014.

29. Gene M. Grossman and Esteban Rossi-Hansberg，"The Rise of Offshoring：It's Not Wine for Cloth Anymore"，*The New Economic Geography：Effects and Policy Implications*，2006，pp. 59-102.

30. Richard E. Baldwin，*The Great Convergence：Information Technology and the New Globalization*，Cambridge：Harvard University Press，2016.

31. www. huffingtonpost. com/entry/telerobotics_ us_ 5873bb4 8e4b02b5f858a1579.

32. 借助"零工经济"这一现象，我们可以认识人工智能和远程机器人技术在实现远程就业管理系统化上的复杂性。"零工经济"——通过众包（在线平台为完成一系列微型任务定位和组织劳动力）或通过应用程序按需工作——将经济风险的大部分负担转移到了劳动力身上。参看 Valerio De Stefano，"The Rise of the Just-in-Time Workforce：On-Demand Work，Crowdwork，and Labor Protection in the Gig-Economy"，*Comparative Labor Law and Policy Journal*，37，2016，pp. 471-503.

33. World Economic Forum，"The Future of Jobs：Employment，Skills and Workforce Strategy for the Fourth Industrial Revolution"，2016.

34. www. theguardian. com/technology/2017/jan/11/robots-jobs-employees-artificial-intelligence.

35. 必须再次强调的是，世界上较贫穷的地区也将和发达国家一样，受到人工智能和机器人技术的影响。大部分公众讨论和学术辩论论述了机器人技术对工业化国家的就业可能产生的影响，同时也对机器人技术对发展中国家的影响进行了重要的社会政策研究。有关人工智能、机器人技术和发展中国家的研究主要集中在工业化社会的机器人部署对发展中国家传统劳动力成本优势的影响研究上。从这个角度来看，发达国家部署的机器人不仅影响着发达国家也影响着发展中国家的就业。这些分析往往没有考虑到远程机器人的潜力，如鲍德温和其他人所讨论的。参看 UNCTAD, *Robots and Industrialization in Developing Countries：Policy Brief*, United Nations Conference on Trade and Development，2016，http：//unctad. org/en/PublicationsLibrary/presspb2016d6 _ en. pdf.

在这方面，一个值得注意的例外是中国，它现在有世界上最大的工业机器人运营商。在中国，有证据表明，经济组织正从利用"人口红利"或"劳动力红利"向利用未来"机器人红利"转变。参看 Yu Huang and Sharif Naubahar, "From 'Labour Dividend' to 'Robot Dividend'：Technological Change and Workers' Power in South China", *Agrarian South：Journal of Political Economy*，6 (1)，2017，pp. 53-78. 感谢 Ross Boyd 引导我对这项研究的关注。

36. 关于现代历史的非连续性解读，参看 Anthony Giddens, *The Nation-State and Violence*, Cambridge：Polity Press，1985，pp. 31-34.

37. Jeffrey Sachs, "How to Live Happily with Robots", http：// jeffsachs. org/wp-content/uploads/2016/06/Sachs-American-Prospect-August-2015-How-to-Live-Happily-with-Robots. pdf.

38. Jeffrey D. Sachs, "R&D, Structural Transformation, and the Distribution of Income", in Ajay K. Agrawal, Joshua Gans and Avi Goldfarb (eds.), *The Economics of Artificial Intelligence：An Agenda* (Proceedings of the 2017 NBER Economics of AI Conference), Chicago：University of Chicago Press，2018，www. nber. org/chapters/c14014. pdf.

39. Daron Acemoglu and Pascual Restrepo, *Robots and Jobs：Evidence from US Labor Markets*, Cambridge, MA：MIT Department of Economics，2017.

40. 我在许多著作中发展了新个人主义的理论，参看 A. Elliott and C. Lemert, "The Global New Individualist Debate", in A. Elliott and P. du Gay (eds.), *Identity in Question*, London：Sage Publica-

tions，2009a，pp. 37-64；A. Elliott and C. Lemert，*The New Individ-ualism：The Emotional Costs of Globalization*（revised edition），New York：Routledge，2009b；A. Elliott，*Making the Cut*，London：Reak-tion，2008. 也有研究者对这一理论进行了扩展与完善，参看 E. L. Hsu，"New Identities，New Individualism"，in A. Elliott（ed.），*The Routledge Handbook of Identity Studies*，London and New York：Routledge，2011，pp. 129-148.

41. 例如，在澳大利亚，年轻澳大利亚人基金会（Foundation for Young Australians）一再呼吁政府提供更多资源，帮助他们发展未来工作所需的技能，参看 www. fya. org. au/wp-content/uploads/2015/08/The-New-Work-Order-FINAL-low-res-2. pdf；在美国，奥巴马总统任期即将结束时，总统办公厅发表的一份报告认为，教育和再培训是应对自动化挑战的关键举措，参看 https：//obamawhitehouse. ar-chives. gov/sites/whitehouse. gov/files/documents/Artificial-Intelligence-Auto-mation-Economy. PDF.

42. L. Bellmann and U. Leber，"Economic Effects of Continuous Training"，in J. Addison and P. Welfens（eds. ），*Labor Markets and Social Security*，Berlin：Springer，2004，pp. 345-365.

◎ 第三章　数字生活与自我

1. "Mother Urges Internet Awareness after Daughter' s Suicide"，*BBC News*，January 23，2014，www. bbc. co. uk/newsbeat/article/25845273/mother-urges-internet-awareness-after-daughters-suicide（ac-cessed September 4，2017）.

2. 继里斯本战略之后，欧洲数字议程（DAE）被视为欧盟委员会通过的欧洲 2020 战略的七个旗舰性举措之一。参看 http：//eige. europa. eu/resources/digital _ agenda _ en. pdf.

3. Anthony Elliott，*Identity Troubles*，London and New York：Routledge，2016.

4. 关于技术和个人生活相交织的更深入的讨论，参看 Anthony Elliott and J. Urry，*Mobile Lives*，New York：Routledge，2010；Mike Michael，*Technoscience and Everyday Life：The Complex Simplicities of the Mundane*，New York：Open University Press，2006.

5. 关于弗洛伊德理论是如何理解自我的复杂性的已有众多讨论，参看 Anthony Elliott，*Psychoanalytic Theory：An Introduction*，3rd edition，London：Palgrave，2015；Anthony Elliott，*Concepts of the Self*，3rd edition，Cambridge：Polity Press，2014；Stephen Frosh，*Identity Crisis：Modernity，Psychoanalysis and the Self*，New York：Routledge，1991.

6. D. W. Winnicott，*Playing and Reality*，London：Tavistock，1997.

7. 当然，这种趋势也有一些明显的例外，参看 Danielle Knafo and Rocco Lo Bosco，*The Age of Perversion：Desire and Technology in Psychoanalysis and Culture*，New York：Routledge，2017；Anthony Elliott，"Miniaturized Mobilities：Transformations in the Storage，Containment and Retrieval of Affect"，*Psychoanalysis，Culture & Society*，18（1），2013，pp. 71-80.

8. Sherry Turkle，*Alone Together：Why We Expect More from Technology and Less from Each Other*，New York：Basic Books，2011.

9. 出处同上，p. 16.

10. Sherry Turkle，*Life on the Screen：Identity in the Age of the Internet*，New York：Simon & Schuster，1995.

11. Sherry Turkle，*Alone Together*，p. xii.

12. 出处同上，p. 31.

13. Sven Birkerts，*Changing the Subject：Art and Attention in the Internet Age*，Minneapolis：Minnesota Graywolf Press，2015；Nicholas Carr，*The Shallows：How the Internet Is Changing the Way We Think，Read and Remember*，London：Atlantic Books，2010；Rob Cover，*Digital Identities：Creating and Communicating the Online Self*，London：Academic Press，2015.

14. Sherry Turkle，*Alone Together*，p. 36

15. Anthony Elliott, *Identity Troubles*.

16. 科技领域的研究者做了很多工作来阐述这种对技术的理解。参看 Judy Wajcman, "Addressing Technological Change: The Challenge to Social Theory", *Current Sociology*, 50 (3), 2002, pp. 347-363; Wenda K. Bauchspies, *Science, Technology, and Society: A Sociological Approach*, Malden: Blackwell, 2006.

17. 罗杰·伯罗斯也提出了类似的观点。他观察到，我们的"联系和互动现在不仅仅是以软件和代码为媒介，而且也由软件和代码构成"。参看 R. Burrows, "Afterword: Urban Informatics and Social Ontology", in M. Foth (ed.), *Handbook of Research on Urban Informatics*. Hershey, PA: Information Science Reference, 2009, pp. 450-454.

18. Sherry Turkle, *Alone Together*, p. 61.

19. E. Hargittai, "The Digital Reproduction of Inequality", in D. Grusky (ed.), *Social Stratification*, Boulder, CO: Westview Press, 2008; Wenhong Chen and Barry Wellman, "Charting Digital Divides: Comparing Socioeconomic, Gender, Life Stage, and Rural-urban Internet Access and Use in Five Countries", in *Transforming Enterprise: The Economic and Social Implications of Information Technology*, Cambridge, MA: MIT Press, 2005, pp. 467-497.

20. Barry Wellman, "Little Boxes, Glocalization, and Networked Individualism", in *Kyoto Workshop on Digital Cities*, Springer Berlin Heidelberg, 2001, pp. 10-25.

21. Don Tapscott, *Growing Up Digital: The Rise of the Net Generation*, New York: McGraw-Hill, 1998.

22. Marc Prensky, "Digital Natives, Digital Immigrants", *On the Horizon*, 9 (5), 2001, pp. 1-6.

23. Chris Davies, John Coleman, and Sonia Living-stone, *Digital Technologies in the Lives of Young People*, New York: Routledge, 2015.

24. Paul DiMaggio, Eszter Hargittai, Coral Celeste, and Steven Shafer, "From Unequal Access to Differentiated Use: A Literature Re-

view and Agenda for Research on Digital Inequality", Social Inequality, 2004, pp. 355-400; Karine Barzilai-Nahon, "Gaps and Bits: Conceptualizing Measurements for Digital Divide/s", The Information Society, 22 (5), 2006, pp. 269-278.

25. Eszter Hargittai, "Digital na (t) ives? Variation in Internet Skills and Uses among Members of the 'Net Generation' ", *Sociological Inquiry*, 80 (1), 2010, pp. 92-113.

26. Susan Greenfield, *Mind Change: How Digital Technologies Are Leaving Their Mark on Our Brains*, New York: Random House, 2015.

27. V. Bell, D. V. M. Bishop and A. K. Przybylsk, "The Debate over Digital Technology and Young People", *BMJ*, 2015.

28. Sherry Turkle, *Alone Together*, p. 30.

29. Donald W. Winnicott, "The Use of an Object", *The International Journal of Psycho-Analysis*, 50, 1969, p. 711.

30. Sherry Turkle, *Alone Together*, p. 56.

31. 出处同上，p. 59.

32. Christopher Bollas, *Being a Character: Psychoanalysis and Self Experience*, New York: Hill and Wang, 1992.

33. Sigmund Freud, *Beyond the Pleasure Principle*, London: Penguin UK, 2003.

34. Christopher Bollas, *Being a Character*, p. 59.

35. George E. Atwood and Robert D. Stolorow, *Structures of Subjectivity: Explorations in Psychoanalytic Phenomenology and Contextualism*, New York: Routledge, 2014.

36. 出处同上，p. 69.

37. Anthony Elliott and J. Urry, *Mobile Lives*.

38. Indeok Song, Robert Larose, Matthew S. Eastin, and Carolyn A. Lin, "Internet Gratifications and Internet Addiction: On the Uses and Abuses of New Media", *Cyberpsychology & Behavior*, 7 (4), 2004, pp. 384-394; Daria J. Kuss and Mark D. Griffiths, "Online So-

cial Networking and Addiction—A Review of the Psychological Literature", *International Journal of Environmental Research and Public Health*, 8（9），2011, pp. 3528-3552.

39. Pew Research Center, "Millennials in Adulthood: Detached from Institutions, Networked with Friends", March 2014.

40. Theresa M. Senft and Nancy K. Baym, "Selfies Introduction—What Does the Selfie Say? Investigating a Global Phenomenon", *International Journal of Communication*, 9, 2015, p. 19.

41. David Nemer and Guo Freeman, "Empowering the Marginalized: Rethinking Selfies in the Slums of Brazil", *International Journal of Communication*, 9, 2015, p. 16.

42. 有关身份的实验主义者性质在其他著作中得到了进一步的探讨，例如 E. L. Hsu, "New Identities, New Individualism", in A. Elliott（ed.），*Handbook of Identity Studies*, London and New York: Routledge, 2011, pp. 129-147; and in Anthony Elliott, *Identity Troubles*.

◎ 第四章　数字技术与社会互动

1. Ben Bajarin, "Are You Multitasking or Are You Suffering from Digital-Device-Distraction Syndrome?", *TIME*, November 12, 2012, http://techland. time. com/2012/11/12/are-you-multitasking-or-are-you-suffering-from-digital-device-distraction-syndrome/（accessed October 17, 2016）.

2. 在许多重要的方面，人工智能文化证实了施乐公司（Xerox PARC）前首席科学家马克·韦瑟（Mark Weiser）有关计算的预言：也就是说，人工智能现在已经消失在生活的肌理中，编织在"日常生活中……（变得）无法与之区分"（p.94）。参看 Mark Weiser, "The Computer for the 21st Century", *Scientific American*, 265（3），1991, pp. 94-104. 然而，正如保罗·杜瑞什和珍妮芙·贝尔所指出的那样，这并不一定会导致开发此类技术的工程师所预期的结果。参看 Paul

Dourish and Genevieve Bell，*Divining a Digital Future*：*Mess and Mythology in Ubiquitous Computing*，Cambridge，MA and London：MIT Press，2011.

3. 这一系列研究倾向于围绕"会面"的概念展开，参看 Yolande Strengers，"Meeting in the Global Workplace：Air Travel，Telepresence and the Body"，*Mobilities*，10（4），2015，pp. 592-608；John Urry，"Social Networks，Mobile Lives and Social Inequalities"，*Journal of Transport Geography*，21，2012，pp. 24-30；and Anthony Elliott and J. Urry，*Mobile Lives*，New York：Routledge，2010.

4. 有关自我的这一方面的深入探讨可参看 Anthony Elliott，*Concepts of the Self*，3rd edition，Cambridge：Polity Press，2014.

5. Erving Goffman，*The Presentation of Self in Everyday Life*，New York：Doubleday，1959.

6. Erving Goffman，*Presentation of Self*，New York：Penguin Books，1971；*Relations in Public*，New York：Penguin Books，1971；*Interaction Ritual*，New York：Penguin Books，1972.

7. Erving Goffman，*Behaviour in Public Places*，New York：Free Press，1963，p. 92.

8. Philip Manning，*Erving Goffman and Modern Sociology*，New York：Polity Press，1992.

9. Erving Goffman，*The Presentation of Self in Everyday Life*.

10. J. B. Thompson，*Ideology in Modern Culture*，Palo Alto：Stanford University Press，1990；J. B. Thompson，*The Media and Modernity*：*A Social Theory of the Media*，Palo Alto：Stanford University Press，1995.

11. J. B. Thompson，*The Media and Modernity*，p. 89.

12. Karin Knorr Cetina and Urs Bruegger，"Global Microstructures：The Virtual Societies of Financial Markets"，*American Journal of Sociology*，107（4），2002，pp. 905-950；Karin Knorr Cetina and Urs Bruegger，"Inhabiting Technology：The Global Lifeform of Financial Markets"，*Current Sociology*，50（3），2002，pp. 389-405.

13. Karin Knorr Cetina and Urs Bruegger，"Global Microstructures"，p. 908.

14. "媒体多任务"实践在社会科学的许多不同领域都得到了充分的探索［参看 Ulla G. Foehr，"Media Multitasking among American Youth：Prevalence，Predictors and Pairings"，*Henry J. Kaiser Family Foundation*，2006；Se-Hoon Jeong and Martin Fishbein，"Predictors of Multitasking with Media：Media Factors and Audience Factors"，*Media Psychology*，10（3），2007，pp. 364-384］，还关注其他多方面的影响［参看 Jennifer Lee，Lin Lin，and Tip Robertson，"The Impact of Media Multitasking on Learning"，*Learning，Media and Technology*，37（1），2012，pp. 94-104］，以及动机问题［Fleura Bardh，Anrew J. Rohm，and Fareena Sultan，"Tuning in and Tuning out：Media Multitasking among Young Consumers"，*Journal of Consumer Behaviour*，9（4），2010，pp. 316-332；Zheng Wang and John M. Tchernev. "The 'myth' of Media Multitasking：Reciprocal Dynamics of Media Multitasking，Personal Needs，and Gratifications"，*Journal of Communication*，62（3），2012，pp. 493-513］。

15. 感谢托尼·吉登斯（Tony Giddens）在"共同在场的规范"中强调了这些社会变化，并与我讨论了这些变化可能产生的影响。

16. John Urry，"Mobility and Proximity"，*Sociology*，36（2），2002，pp. 255-274. 更多细节请参看 P. Evans and T. Wurstler，*Blown to Bits：How the New Economics of Information Transforms Strategy*，Boston，MA：Harvard Business School Press，2000.

17. Beerud Sheth，"Forget Apps，Now the Bots Take over"，September 29，2015，https：//techcrunch. com/2015/09/29/forget-apps-now-the-bots-take-over/（accessed October 24，2016）.

18. David Beer，"The Social Power of Algorithms"，*Information，Communication and Society*，20（1），2017，pp. 1-13.

19. Douglas Hofstader，*Fluid Concepts and Creative Analogies：Computer Models of the Fundamental Mechanisms of Thought*，New

York：Basic Books，1996.

20. Ray Kurzweil in Ethan Baron，"Google Will Let You Turn Yourself into a Bot：Ray Kurzweil Says"，May 31，2016，www. siliconbeat. com/2016/05/31/google-chat-bot-coming-year-renowned-inventor-says/（accessed October 20，2016）.

21. 有关"技术乐观主义"的更多信息，参看 Katherine Dentzman，Ryan Gunderson，and Raymond Jussaume，"Techno-optimism as a Barrier to Overcoming Herbicide Resistance：Comparing Farmer Perceptions of the Future Potential of Herbicides"，*Journal of Rural Studies*，48，2016，pp. 22-372.

22. Deirdre Boden，*The Business of Talk：Organizations in Action*，London：Polity Press，1994，p. 82，p. 94.

23. Anthony Giddens，*Modernity and Self-Identity*，Stanford：Stanford University Press，1991，p. 120.

24. Brian Christian，*The Most Human Human：What Artificial Intelligence Teaches Us about Being Alive*，New York：Anchor Books，2015，p. 25.

25. Jason Del Ray，"Here' s Amazon' s Explanation for the Alexa Eavesdropping Scandal"，Recode，May 24，2018，www. recode. net/2018/5/24/17391480/amazon-alexa-woman-secret-recording-echo-explanation.

26. Brian Christian，*The Most Human Human*，pp. 25-26.

27. Barry Wellman，"Physical Space and Cyberplace：The Rise of Personalized Networking"，*International Journal of Urban and Regional Research*，25，2001，p. 238.

28. 关于去同步现象的研究，参看 Koen Breedveld，"The Double Myth of Flexibilization：Trends in Scattered Work Hours，and Differences in Time-sovereignty"，*Time & Society*，7（1），1998，pp. 129-143；Manfred Garhammer，"Changes in Working Hours in Germany：The Resulting Impact on Everyday Life"，*Time & Society*，4（2），1995，pp. 167-203.

29. Anthony Elliott and Charles Lemert, *The New Individualism*：*The Emotional Costs of Globalization*，New York：Routledge，2009.

30. Milan Kundera，*Slowness*，New York：Harper Collins Publishers，1995，p. 2.

31. Zygmunt Bauman，*Liquid Love*：*On the Frailty of Human Bonds*，John Wiley & Sons，2013；Zygmunt Bauman，*Liquid Modernity*，Hoboken，New Jersey：John Wiley & Sons，2013. 关于速度在当代社会中如何体现的更复杂的论述，参看 Eric L. Hsu, "The Sociology of Sleep and the Measure of Social Acceleration"，*Time & Society*，23（2），2014，pp. 212-234；Eric L. Hsu and Anthony Elliott，"Social Acceleration Theory and the Self"，*Journal for the Theory of Social Behaviour*，45（4），2015，pp. 397-418.

32. Paul Virilio，1986，quoted in Thomas Erikson，*Tyranny of the Moment*，London：Pluto Press，2001，p. 51.

33. Michael Harris，*The End of Absence*：*Reclaiming What We've Lost in a World of Constant Connection*，New York：Penguin Books US，2014.

34. 出处同上，p. 203.

35. 约翰·汤普森（John Thompson）在《媒体与现代性》（*The Media and Modernity*）一书中所做的讨论为此提供了参考。

◎ 第五章　现代社会、移动性与人工智能

1. David Z. Morris，"At Uber, Troubling Signs Were Rampant Long before a Fatal Self-Driving Crash"，*Fortune*，March 24，2018，http：//fortune. com/2018/03/24/uber-self-driving-program-troubles/.

2. Sam Levin，"Uber Crash Shows 'Catastrophic Failure' of Self Driving Technology"，*The Guardian*，March 22，2018，www. theguardian. com/technology/2018/mar/22/video-released-of-uber-self-driving-crash-that-killed-woman-in-arizona.

3. Richard Priday，"Uber's Fatal Crash Shows the Folly of How We Test Self-driving Cars"，*Wired*，March 24，2018，www. wired. co. uk/article/uber-crash-autonomous-self-driving-car-vehicle-testing.

4. Nicholas Carr，*The Glass Cage*：*Automation and Us*，New York and London：W. W. Norton and Co.，2014.

5. 出处同上，pp. 43-63.

6. Sydney J. Freedberg Jr.，"Artificial Stupidity：When Artificial Intelligence ＋ Human ＝ Disaster"，*Breaking Defense*，June 2，2017，https：//breakingdefense. com/2017/06/artificial-stupidity-when-artificial-intel-human-disaster/；Sydney J. Freedberg Jr.，"Artificial Stupidity：Fumbling the Handoff from AI to Human Control"，*Breaking Defense*，June 5，2017，https：//breakingdefense. com/2017/06/artificial-stupidity-fumbling-the-handoff/.

7. Kingsley Dennis and John Urry，*After the Car*，Cambridge：Polity Press，2009.

8. 参看 Fabian Kröger（2016）关于自 20 世纪上半叶起无人驾驶汽车的未来在文化领域如何发展的简要历史概述，其很有启发性。克罗格提到了一些文化叙述，这些叙述提供了有关无人驾驶车辆技术和系统的开发信息。

9. Jitendra N. Bajpai，"Emerging Vehicle Technologies ＆ the Search for Urban Mobility Solutions"，*Urban*，*Planning and Transport Research*，4（1），2016，p. 84.

10. 出处同上。

11. 关于谷歌汽车及其功能的更深入的概述可以在 Michelle Birdsall 有关谷歌汽车的论述中找到。Michelle Birdsall，"Google and ITE：The Road ahead for Self-driving Cars"，*Institute of Transportation Engineers*，*ITE Journal*，84（5），2014，p. 6. 值得注意的是，对谷歌汽车的研究还处于萌芽阶段，关于谷歌汽车应如何被利用以及在多大程度上被利用仍然是讨论的重点，参看 Lee Gomes，"When Will Google's Self-driving Car Really Be Ready? It Depends on Where You Live and What You Mean By Ready"，*IEEE Spectrum*，53（5），2016，

pp. 13-14.

12. Thomas Halleck，"Google Inc. Says Self-driving Car Will Be Ready by 2020"，*International Business Times*，January 14，2015，www. ibtimes. com/google-inc-says-self-driving-car-will-be-ready-2020-1784150.

13. Jitendra N. Bajpai，"Emerging Vehicle Technologies & the Search for Urban Mobility Solutions"，pp. 83-100.

14. 许多研究已经对无人驾驶交通系统的潜在好处做出了预测，包括 Daniel J. Fagnant and Kara Kockelman，"Preparing a Nation for Autonomous Vehicles：Opportunities, Barriers and Policy Recommendations"，*Transportation Research Part A：Policy and Practice*，77，2015，pp. 167-181；Austin Brown，Jeffrey Gonder，and Brittany Repac，"An Analysis of Possible Energy Impacts of Automated Vehicle"，in G. Meyer and S. Beiker（eds.），*Road Vehicle Automation*. Cham，Switzerland：Springer，2014，pp. 137-153. 然而，对于这些好处能在多大程度上实现还有一些争议，例如 Brian Christian and Tom Griffiths，*Algorithms to Live By：The Computer Science of Human Decisions*，London：HarperCollins，2016.

15. http：//asirt. org/initiatives/informing-road-users/road-safety-facts/road-crash-statistics.

16. M. Mitchell Waldrop，"No Drivers Required"，*Nature*，518（7537），2015，p. 20.

17. Nidhi Kalra and Susan M. Paddock，"Driving to Safety：How Many Miles of Driving Would It Take to Demonstrate Autonomous Vehicle Reliability?'*Transportation Research Part A*，94，2016，pp. 182-193.

18. 深入讨论参看 James M. Anderson，Nidhi Kalra，Karlyn D. Stanley，Paul Sorensen，Constantine Samaras，Oluwatobi A. Oluwatola，*Autonomous Vehicle Technology：A Guide for Policymakers*，Santa Monica，CA：RAND Corporation，RR-443-2-RC，2016. www. rand. org/pubs/research _ reports/RR443-2. html（accessed January 24，2016）.

19. Gary Silberg，Richard Wallace，G. Matuszak，J. Plessers，C. Brower，and Deepak Subramanian，"Self-Driving Cars：The Next Revolution"，White paper KPMG LLP & Center for Automotive Research，2012，p. 36.

20. 例如，Sebastian Thrun 这样描述无人驾驶汽车在改变停车场分配和管理方式上的潜力：

> 汽车的使用寿命中只有4%被利用。如果我们只需点击一个按钮，就能直接预定一辆出租车呢？到达目的地时我们就不用浪费时间寻找停车位，而是让车开走，去接下一位顾客。这样的设想可以大大减少所需的汽车数量，也可以释放出其他重要的资源，比如停放汽车所占用的空间。

Sebastian Thrun，"Toward Robotic Cars"，*Communications of the ACM*，53（4），2010，p. 105.

21. Eric Laurier and Tim Dant，"What We Do whilst Driving：Towards the Driverless Car"，in M. Grieco and J. Urry（eds.），*Mobilities：New Perspectives on Transport and Society*，Farnham：Ashgate，2012，pp. 223-243.

22. 然而，也有一些值得注意的例外。David Bissell 已经阐明了如何将铁路通勤行为界定为一种生产性行为。David Bissell，"Travelling Vulnerabilities：Mobile Timespaces of Quiescence"，*Cultural Geographies*，16（4），2009，pp. 427-445. 在这项研究的基础上，Eric Hsu 指出，在运输途中睡觉的做法不应仅仅被视为"浪费"时间。Eric L. Hsu，"The Sociology of Sleep and the Measure of Social Acceleration"，*Time & Society*，23（2），2014，pp. 212-234.

23. Eric Laurier，"Doing Office Work on the Motorway"，*Theory，Culture & Society*，21（4-5），2004，pp. 261-277；Michael Bull，"Mobile Spaces of Sound in the City"，in Nick Couldry and Anna McCarthy（eds.），*MediaSpace：Place，Scale，and Culture in a Media Age*，London：Routledge，2004，pp. 275-293.

24. 有关人们组织和管理作为一个流动人口需求的技能和策略，参看 Sven Kesselring，"Pioneering Mobilities：New Patterns of Movement and Motility in a Mobile World"，*Environment and Planning A：Economy and Space*，38（2），2006，pp. 269-279.

25. 有关自动汽车的讨论，参看 John Urry，*Mobilities*，Cambridge：Polity，2007.

26. Eric Laurier and Tim Dant，"What We Do whilst Driving：Towards the Driverless Car"，p. 237.

27. John Urry，"Inhabiting the Car"，*The Sociological Review*，54（s1），2006，pp. 17-31.

28. Malene Freudendal-Pedersen and Sven Kesselring（forthcoming），"Mobilities，Futures and the City：Changing Perspectives and Policies Through Transsectoral Intersections"，in *Mobility Intersections*，Special Issue in Mobilities，co-edited by Monika Büscher，Mimi Sheller and David Tyfield.

29. John Urry，*Mobilities*，Cambridge：Polity，2007.

30. 进一步了解 PackBot 的军事应用，参看 Brian M. Yamaguchi，"PackBot：A Versatile Platform for Military Robotics"，*Defense and Security*，2004.

31. Peter W. Singer，"Military Robots and the Laws of War"，*The New Atlantis*，（23），2009，p. 33.

32. www. cbsnews. com/news/south-korea-woman-hair-stuck-in-robotic-vacuum-cleaner/.

33. www. therobotreport. com/news/latest-robotic-vacuum-product-launches-change-industry-from-niche-to-mainst.

34. Nigel Thrift，"Lifeworld Inc. —And What To Do about It"，*Environment and Planning D：Society and Space*，29（1），2011，p. 11

35. 出处同上，pp. 11-12。

36. James Der Derian，*Virtuous War：Mapping the Military-Industrial-Media-Entertainment Network*，New York：Routledge，2009.

37. Max Weber，"Politics as a Vocation"，in H. H. Gerth and C. Wright Mills（eds.），*Max Weber：Essays in Sociology*，New York：

Oxford University Press，1958，pp. 77-128.

38. Benedict Anderson，*Imagined Communities*：*Reflections on the Origin and Spread of Nationalism*，London and New York：Verso，1991.

39. 关于全球化发展的更详细的社会学和历史学论述，参看 Charles C. Lemert，Anthony Elliott，Daniel Chaffee，and Eric Hsu，*Globalization*：*A Reader*，London：Routledge，2010.

40. 詹姆斯·德·德里安（James Der Derian）写道："战争不再仅仅是政治的延续（Clausewitz）；就这一点而言，政治也不再是战争的延续（Michel Foucault）。在平行宇宙中……违反惯常定义（叙利亚：国内战争还是国际战争?）、实证检验（也门：公开还是秘密?）和正常的法律规定（无人机：法律之内还是法律之外?）的战争具有多光谱、密集纠缠和相移的特性。"James Der Derian，"From War 2.0 to Quantum War：The Superpositionality of Global Violence"，*Australian Journal of International Affairs*，67（5），2013，pp. 570-585. 以上引言出自第 575 页。

41. 保罗·威瑞里奥（Paul Virilio）的工作为我们理解卫星战争的社会后果增加了一层复杂性。威瑞里奥的著作《速度与政治》（*Speed and Politics*）发现，自动卫星武器系统——比如冷战时期的卫星武器系统——有可能降低人类的自主性和人们产生有见地的思考和讨论的能力。随着卫星的使用，战争不再是争夺土地的竞赛，而变成了时间的竞争。根据威瑞里奥的说法，在社会秩序中，谁先发制人，谁速度最快，谁就在社会秩序中获胜。

42. Manuel De Landa，*War in the Age of Intelligent Machines*. Cambridge：MIT Press，1991，p. 1.

43. 出处同上，p. 2.

44. www. defense. gov/UAS/.

45. www. theguardian. com/news/datablog/2012/aug/03/drone-stocks-by-country. 这一数据涵盖了全球 807 架现役无人机——这一数据应该是被严重低估的：中国、土耳其或俄罗斯的相关数据都不包括在内。

46. Clay Dillow，"All of These Countries Now Have Armed Drones"，*Fortune*，February 12，2016，http：//fortune. com/2016/02/12/these-countries-have-armed-drones/.

47. www. aero-news. net/index. cfm? do ＝ main. textpost&id ＝ 3769e102-dd30-4ed7-95b5-5341c14f4e93.

48. Peter M. Asaro，"The Labor of Surveillance and Bureaucratized Killing：New Subjectivities of Military Drone Operators"，*Social Semiotics*，23（2），2013，pp. 196-224.

49. Derek Gregory，"From a View to a Kill：Drones and Late Modern War"，*Theory，Culture & Society*，28（7-8），2011，p. 193.

50. Neal Curtis，"The Explication of the Social：Algorithms，Drones and (Counter-) terror"，*Journal of Sociology*，52（3），2016，pp. 522-536.

51. Colleen McCue，*Data Mining and Predictive Analysis：Intelligence Gathering and Crime Analysis*，Oxford：Butterworth-Heinemann，2007，p. 220.

52. Simon Jenkins，"Drones Are Fool's Gold：They Prolong Wars We Can't Win"，*The Guardian*，January 11，2013，www. theguardian. com/commentisfree/2013/jan/10/drones-fools-gold-prolong-wars.

53. Grégoire Chamayou，*A Theory of the Drone*，New York：New Press，2015，p. 14.

54. G. R. Ian Shaw，"Predator Empire：The Geopolitics of US Drone Warfare"，*Geopolitics*，18（3），2013，p. 537.

55. www. defense. gov/News/News-Releases/News-Release-View/Article/1044811/department-of-defense-announces-successful-micro-drone-demonstration/.

56. www. livescience. com/57306-un-addresses-killer-robots-in-2017. html? utm_source＝feedburner&utm_medium＝feed&utm_campaign＝Feed％3A＋Livesciencecom＋％28LiveScience. com＋Science＋Headline＋Feed％29.

57. https：//thenextweb. com/us/2016/01/21/40-countries-are-working-on-killer-robots-and-theres-no-law-to-say-how-we-use-them/＃. tnw_35IqjjXw.

58. 联合国最近举办了一个论坛，讨论如何制定自主战争的指导方针。

59. Olivia Solon，"Killer Robots? Musk and Zuckerberg Escalate Row over Dangers of AI"，*The Guardian*，July 26，2017，www. theguardian. com/technology/2017/jul/25/elon-musk-mark-zuckerberg-artificial-intelligence-facebook-tesla.

60. www. theguardian. com/technology/2016/jun/12/nick-bostrom-artificial-intelligence-machine.

61. www. bbc. com/news/technology-30290540.

62. 有关这些发展的总结，参看 https：//futurism. com/ lethal-autonomous-weapons-pledge/.

◎ 第六章　人工智能与未来社会

1. Ray Kurzweil，"The Law of Accelerating Returns"，2001，title-http：//www. kurzweilai. net/the-law-of-accelerating-returns.

2. R. Kurzweil，*The Singularity Is Near*，New York：Penguin Books，2005.

3. 有关库兹韦尔（Kurzweil）作品中乌托邦元素的研究中有许多新颖的见解。一些研究试图构建奇点理论与宗教运动的某些相似性：Roberto Paura，"Singularity Believers and the New Utopia of Transhumanism"，*Im@ go. A Journal of the Social Imaginary*，7，2016，pp. 23-35；Oskar Gruenwald，"The Dystopian Imagination：The Challenge of Techno-utopia"，*Journal of Interdisciplinary Studies*，25（1/2），2013，p. 1. 这种研究认为库兹韦尔和其他人过于看重技术力量，而没有意识到人类文化和经验的复杂性。

4. 有关自适应系统分析的复杂性的深入讨论，参看 John Urry，"The Complexity Turn"，*Theory，Culture & Society*，22（5），2005，pp. 1-14；John Urry，*Global Complexity*，Cambridge：Polity，2003；Brian Arthur，*The Nature of Technology：What It Is and How It Evolves*，New York：Simon and Schuster，2009.

5. Jenny Kleeman，"The Race to Build the World's First Sex Robot"，*The Guardian*，April 27，2017，www. theguardian. com/technology/2017/apr/27/race-to-build-world-first-sex-robot.

除了 Harmony，克莱曼还讨论了 Roxxy，它被标榜为世界上第一台性机器人，并在 2010 年 2 月举行的拉斯维加斯成人娱乐博览会上高调亮相，然而截至 2018 年，并没有一款 Roxxy 型号的机器人出现在市场上。

6. 各种各样的争论围绕着人类和性机器人之间的不对称关系展开，例如 Matthias Scheutz and Thomas Arnold，"Are We Ready for Sex Robots?"，in *The Eleventh ACM / IEEE International Conference on Human Robot Interaction*，Piscataway，NJ：IEEE Press，2016，pp. 351-358.

7. David Levy，*Love and Sex with Robots*，New York：HarperCollins Publishers，2009.

8. Riley Richards，Chelsea Coss，Jace Quinn，"Exploration of Relational Factors and the Likelihood of a Sexual Robotic Experience"，in Adrian David Cheok，Kate Devlin and David Levy（eds.），*Love and Sex with Robots*，Proceedings of the Second International Conference，LSR 2016，London，UK，December 19-20，Cham，Switzerland：Springer，2017，pp. 97-103.

9. 请看 Levy 关于开发相关软件以使机器人具备"真实的情感驱动行为"所做的更为谨慎的论述，这方面更深入的研究参见 Adrian Cheok，David Levy，Kasun Karunanayake，Yukihiro Morisawa，"Love and Sex with Robots"，in Ryohei Nakatsu，Matthias Rauterberg and Paolo Ciancarini（eds.），*Handbook of Digital Games and Entertainment Technologies*，Singapore：Springer，2017，pp. 833-858.

10. Kathleen Richardson，"The Asymmetrical 'Relationship'：Parallels between Prostitution and the Development of Sex Robots"，published in the ACM Digital Library as a special issue of the ACM SIGCAS newsletter，*SIGCAS Computers & Society*，45（3）（September 2015），pp. 290-293，https：//campaignagainstsexrobots. org/ the-a-

symmetrical-relationship-parallels-between-prostitution-and-the-development-of-sex-robots.

11. Kathleen Richardson，*Sex Robots*：*The End of Love*，Cambridge：Polity Press，2018.

12. John Danaher，Brian Earp，Anders Sandberg，"Should We Campaign against Sex Robots?"，in John Danaher et al.（eds.），*Robot Sex*：*Social and Ethical Implications*，Cambridge，MA：MIT Press，2017.

13. Eva Wiseman，"Sex，Love and Robots：Is This the End of Intimacy?"，*The Guardian*，December 13，2015.

14. Maartje M. A. de Graaf，Somaya Ben Allouch，Tineke Klamer，"Sharing a Life with Harvey：Exploring the Acceptance of and Relationship-building with a Social Robot"，*Computers in Human Behavior*，43，2015，pp. 1-14.

15. 这项研究是我在日本庆应义塾大学领导的一个项目的一部分，该项目由丰田基金会资助："*Assessment of socially assistive robotics in elderly care：Toward technologically integrated aged care and well-being in Japan and Australia*'，2017-2019（D16-R-0242）. 跨学科研究团队包括来自日本的 Atsushi Sawai、Masataka Katagiri、Yukari Ishii 和来自澳大利亚的 Eric Hsu、Ross Boyd.

16. Mark Coeckelbergh，"Care Robots and the Future of ICT-Mediated Elderly Care：A Response to Doom Scenarios"，*AI and Society*，31，2016，pp. 455-462. 引言出自第 461 页。

17. www. accenture. com/t20171215T032059Zw/us-en/ _ acnmedia/ PDF-49/Accenture-Health-Artificial-Intelligence. pdf.

18. www. kingsfund. org. uk/sites/default/files/field/field _ publication _ file/A _ digital _ NHS _ Kings _ Fund _ Sep _ 2016. pdf.

19. https：//spectrum. ieee. org/robotics/medical-robots/would-you-trust-a-robot-surgeon-to-operate-on-you.

20. https：//spectrum. ieee. org/robotics/medical-robots/would-you-trust-a-robot-surgeon-to-operate-on-you.

21. 有关触觉技术的进展、潜力和局限性的讨论，请参看 Abdul-motaleb El Saddik，"The Potential of Haptics Technologies"，*IEEE Instrumentation & Measurement Magazine*，10（1），2007，pp. 10-17.

22. R. Kurzweil，*The Singularity Is Near*，New York：Penguin Books，2005. p. 323.

23. 出处同上，p. 300.

24. Nikolas Rose，*The Politics of Life Itself：Biomedicine，Power，and Subjectivity in the Twenty-First Century*，Princeton：Princeton University Press，2009，p. 17.

25. 出处同上，p. 20.

26. 出处同上，p. 20.

27. Manuel Castells，*The Internet Galaxy*，Cambridge：Polity Press，2010.

28. John Dunn（ed.），*Democracy：The Unfinished Journey*，508 *BC to AD* 1993，Oxford：Oxford University Press，1992；John Keane，*The Life and Death of Democracy*，New York：Norton，2009.

29. David Held，*Democracy and the Global Order*，Cambridge：Polity Press，1995；David Held，*Models of Democracy*，Cambridge：Polity Press，2007.

30. 有关这方面的经典论述，参看 C. B. Macpherson，*The Political Theory of Possessive Individualism：Hobbes to Locke*，Oxford：Oxford University Press，2010.

31. John B. Thompson，*Media and Modernity：A Social Theory of the Media*，Cambridge：Polity Press，1995，p. 240.

32. Jamie Susskind，*Future Politics：Living Together in a World Transformed by Tech*，Oxford：Oxford University Press，2018.

33. 有关助推的行为科学理论，参看 R. Thaler and C. Sunstein，*Nudge*（revised edition），London：Penguin，2009.

34. 有关"通俄门"的大多数报道都是在媒体上发布的，高质量的媒体对这些事态发展进行了深入调查。关于"通俄门"的一个有用但不完整的概述可参看 Luke Harding，*Collusion：How Russia Helped*

Trump Win the White House，London：Guardian Faber Publishing，2017.

35. www. nytimes. com/2017/01/06/us/politics/russia-hack-report. html.

36. Darren E. Tromblay，*Political Influence Operations*，Lanham，Maryland：Roman and Littlefield，2018.

37. James R. Clapper and Trey Brown，*Facts and Fears：Hard Truths from a Life in Intelligence*，New York：Viking，2018.

38. 特别顾问穆勒（Mueller）的调查发现了犯罪证据，其中包括：美国前国家安全顾问、特朗普竞选班子的关键人物迈克尔·弗林（Michael Flynn）承认向联邦调查人员做了虚假陈述；特朗普竞选班子的主席保罗·马纳福特（Paul Manafort）在 2018 年被判五项税务欺诈罪、两项银行欺诈罪和一项隐瞒外国银行账户罪；特朗普竞选班子的高级助手里克·盖茨（Rick Gates）以及外交政策顾问乔治·帕帕佐普洛斯（George Papadopoulos）承认向联邦调查人员做了虚假陈述；13 名俄罗斯公民和 3 家俄罗斯公司被指控犯有与俄罗斯社交媒体和黑客活动有关的阴谋罪和盗用身份罪。

39. James Comey，*A Higher Loyalty：Truth，Lies and Leadership*，Basing stoke：Palgrave Macmillan，2018.

40. Andrew Popp，"All of Robert Mueller's Indictments and Plea Deals in the Russia Investigation So Far"，www. vox. com/policy-and-politics/2018/2/20/17031772/mueller-indictments-grand-jury.

另一点值得注意的是，2018 年 3 月，美国财政部正式制裁俄罗斯多个"网络行动者"，因为他们干涉 2016 年美国总统大选，并针对关键基础设施进行各种恶意入侵。参看 https：//home. treasury. gov/index. php/news/press-releases/sm0312.

41. www. nytimes. com/2017/09/07/us/politics/russia-facebook-twitter-election. html.

42. Clarence Page，"Why Nobody Complained when Obama Used Facebook Data"，*Chicago Tribune*，March 23，2018，www. chicagotribune. com/news/opinion/page/ct-perspec-page-facebook-zuckerberg-obama-20180323-story. html.

43. 牛津大学牛津互联网研究所进行的计算宣传研究项目调查分析了算法、自动化和政治之间的相互作用。参看 http：// com-prop. oii. ox. ac. uk.

44. Kofi Annan, "How Information Technology Poses a Threat to De-mocracy", *The Japan Times*, February 19, 2018, www. japan times. co. jp/opinion/2018/02/19/commentary/world-commentary/information-technolo-gy-poses-threat-democracy/.

45. https：//ec. europa. eu/digital-single-market/en/news/experts-appointed-high-level-group-fake-news-and-online-disinformation.

46. R. A. Dahl, *Polyarchy*, New Haven：Yale University Press, 1971.

47. 围绕民主政治、算法力量和网络 2.0 的兴起，存在着一系列相关的争论。请参阅以下文章，它们提出了相关的问题并表达了相应的观点：David Beer, "Power through the Algorithm? Participatory Web Cultures and the Technological Unconscious", *New Media & Society*, 11 (6), 2009, pp. 985-1002; C. Fuchs, "Web 2.0, Prosumption, and Surveillance", *Surveillance & Society*, 8 (3), 2011, p. 288; Christian Fuchs, "Social Media and the Public Sphere", *tripleC：Communica-tion, Capitalism & Critique. Open Access Journal for a Global Sus-tainable Information Society*, 12 (1), 2014, pp. 57-101.

48. 参看由未来人类研究所、牛津大学、生存风险研究中心发布的报告："The Malicious Use of Artificial Intelligence：Forecasting, Pre-vention, and Mitigation", https：//arxiv. org/pdf/1802. 07228. pdf.

这些反制措施的开发团队成员包括来自电子前沿基金会（Elec-tronic Frontier Foundation）、新美国安全中心（ Center for a New American Security）和 OpenAI 等组织的科学专家。

49. 这种结构性矛盾心理弥漫在数字变革中，反过来又制造了许多二阶社会风险和不安全感，所谓的"暗网"就是这样一个例子。正如埃里克·贾丁（Eric Jardine）所说，暗网将"隐藏服务"网站的用户和主机变成匿名。虽然最常见的是与邪恶的用途——武器销售、毒品交易、恐怖活动和极端虐童图像的传播——联系在一起，但暗网也成了生活在专制政权下的人的一种救赎，使他们能够相互交流，与更广阔的世界交流，并得以避开被监视、审查和迫害。参看 Eric Jardine，*The Dark Web Dilemma：Tor，Anonymity and Online Policing*，GCIG Paper Series No. 21，London：Centre for International Governance Innovation and Chatham House，2015，www. cigionline. org/sites/default/files/no. 21 _ 1. pdf.

感谢 Ross Boyd 给我提供这方面的启发。

50. 感谢 Sven Kesselring 给我提供这方面的启发。

51. 这里，我提到的学者包括 Manuel De Landa、Benjamin H. Bratton、Sven Kesselring、Deborah Lupton、Thomas Birtchnell、Judy Wajcman、Mark Poster、Eric Hsu 和 Ross Boyd。

52. Felix Guattari，"Regimes，Pathways，Subjects"，in Jonathan Crary and Sanford Kwinter（eds.)，*Zone 6：Incorporations*，Cambridge，MA：MIT Press，1992，p. 18.

53. Jean-François Lyotard，*The Postmodern Condition：A Report on Knowledge*，Trans. Geoff Bennington and Brian Massumi，Minneapolis：University of Minnesota Press，1984，p. 67.

54. Jamie Bartlett，*The People Vs Tech：How the Internet is Killing Democracy（and How We Save It）*，London：Edbury Press，2018，p. 1.

55. Bruce Schneier，*Data and Goliath：The Hidden Battles to Collect Your Data and Control Your World*，New York：Norton，2015，p. 279.

56. Zygmunt Bauman，*The Individualized Society*，Cambridge：Polity Press，2001，p. 204.

57. 例如，Paulo Gerbaudo 重点探讨了以阶级为基础的群众性政党向今天以在线参与平台和社交媒体为基础的新模式的转变，从而强调了数字技能的关键作用。参看 Paulo Gerbaudo，*The Digital Party：Political Organisation and Online Democracy*，London：Pluto，2018.

58. https：//hansard. parliament. uk/Lords/2017-09-07/debates/666 FC16D-2C8D-4CC6-8E9E-7FB4086191A5/DigitalUnder standing.

59. "Digital Skills in the United Kingdom"，House of Lords，Library Briefing，August，2017，http：//researchbriefings. parliament. uk/ResearchBriefing/Summary/LLN-2017-0051.

60. 这项法规叫作 Netzwerkdurchsetzungsgesetz，简称 NetzDG。参看 www. bmjv. de/SharedDocs/Gesetzgebungsverfahren/Dokumente/RegE _ NetzDG. pdf？blob＝publicationFile＆v＝2.

61. 在大数据和智能算法时代确保透明度的重要性的相关论述，参看 Roger Taylor and Tim Kelsey，*Transparency and the Open Society*，Bristol：Bristol University/Policy Press，2016.

62. www. bloomberg. com/view/articles/2017-10-20/russian-trolls-would-love-the-honest-ads-act.

63. Jimmy Wales，"With the Power of Online Transparency，Together We Can Beat Fake News"，*The Guardian*，February 4，2017，www. theguardian. com/commentisfree/2017/feb/03/online-transparency-fake-news-internet.

64. Damian Tambini，"Fake News：Public Policy Responses"，*Media Policy Brief* 20，London School of Economics Media Policy Project，2017，http：//eprints. lse. ac. uk/73015/1/LSE％20MPP％20Policy％20Brief％2020-％20Fake％20news _ final. pdf.

65. Michael Grynbaum and Sapna Maheshwari，"As Anger at O'Reilly Builds，Activists Use Social Media to Prod Adver-tisers"，*New York Times*，April 6，2017，www. nytimes. com/2017/04/06/business/media/advertising-activists-social-media. html.

66. John Cook，"Technology Helped Fake News. Now Technology Needs to Stop It"，*Bulletin of the Atomic Scientists*，November 17，2017，https：//thebulletin. org/technology-helped-fake-news-now-technology-needs-stop-it11285.

67. David Cox，"Fake News Is Still a Problem. Is AI the Solution？"，*NBC News Mach*，February 16，2018，www. nbcnews. com/mach/science/fake-news-still-problem-ai-solution-ncna848276.

68. Bruno Lepri, et al., "Fair, Transparent, and Accountable Algorithmic Decision-making Processes", *Philosophy & Technology*, 2017, pp. 1-17.

Bruno Lepri et al. "The Tyranny of Data? The Bright and Dark Sides of Data-Driven Decision-Making for Social Good", in Cerquitelli, D. Quercia and F. Pasquale (eds.), *Transparent Data Mining for Big and Small Data: Studies in Big Data*, vol. 32, Cham: Springer, 2017.

69. Aylin Caliskan, Joanna J. Bryson and Arvind Narayanan, "Semantics Derived Automatically from Language Corpora Contain Human-like Biases", *Science*, 356 (6334), 2017, pp. 183-186, DOI: 10.1126/science. aal4230. 普林斯顿大学的研究人员开发了一种机器学习版本的内隐联想测试（一种心理测试，旨在测量人类受试者如何在物体的心理表征之间建立联系）。他们以此来映射机器学习系统在概念和单词之间建立的联系。除了将"花"和"音乐"归类为比"昆虫"和"武器"更令人愉快的东西之外，更能说明问题的是，该系统将欧洲裔美国人的名字归类为比非洲裔美国人的名字更令人愉快的名字，以及将"女人"和"女孩"这两个词与艺术进行关联，而不是与科学和数学相关联。实际上，人工智能复制了在内隐联想测试研究中发现的人类受试者的偏见。

70. Julia Angwin, Jeff Larson, Surya Mattu and Lauren Kirchner, "Machine Bias", *ProPublica*, May 23, 2016, www. propublica. org/article/machine-bias-risk-assessments-in-criminal-sentencing.

71. Mara Hvistendahl, "Can 'Predictive Policing' Prevent Crime before it happens?", *Science*, September 28, 2016, www. sciencemag. org/news/2016/09/can-predictive-policing-prevent-crime-it-happens.

72. 因此，让人工智能（以数学为基础）不受约束地再现偏见的现象，以及使用人工智能拒绝对这种偏见负责的行为，被称为"盲目相信算法"（www. mathwashing. com/）。海尔加·诺沃特尼（Helga Nowotny）在《不确定性的狡猾》一书中讨论了基于证据的政策，特别是将计算资源（包括机器学习）应用于海量数据集，试图使政治科学化，从而增强在应对不确定性时做决策的确定性。然而，她认为，这种对政治的计算性再创造是非常有问题的。根据谷歌流感趋势（Google Flu Trends）的故事——谷歌研究人员声称，通过跟踪人们在网上搜索流感症状、治疗建议等，他们可以比美国疾病控制和预防中心更有效、更经济地跟踪流感的传播——诺沃特尼发现了"数据傲慢"的充分证据。她强调，谷歌流感趋势持续高估流感水平，有时超过50%。尽管可以访问大量数据，谷歌算法所做的只是建立非因果关系，如果没有假设或搜索因果联系，就不会产生任何形式的有意义的知识。参看 Helga Nowotny, *The Cunning of Uncertainty*，Cambridge：Polity，2016，pp. 120-124.

73. 凯西·奥尼尔（Cathy O'Neil）对算法的社会性破坏影响进行了重要分析，具体探讨了通过应用算法过滤求职申请、设定保险费、进行教师评估和美国大学排名会如何加剧不平等的现象。参看 Cathy O'Neil，*Weapons of Math Destruction*：*How Big Data Increases Inequality and Threatens Democracy*，New York：Crown，2016.

74. Anthony Giddens 以此为题的演讲，www.youtube.com/watch? v= bbkyiRCef7A.

75. www.theguardian.com/science/2016/oct/19/stephen-hawking-ai-best-or-worst-thing-for-humanity-cambridge.

76. www.wsj.com/articles/the-key-to-smarter-ai-copy-the-brain-1523369923.

致　谢

2013 年，我开始系统地研究数字变革及与其相关的全球变革，部分原因是为了解决我称之为"技术海啸"的问题。当时，我是南澳大利亚大学霍克欧盟让·莫内卓越中心的执行主任，我深受澳大利亚前总理鲍勃·霍克（Bob Hawke）的影响，他向我指出了这些问题对社会科学以及公共政策的紧迫性。我开始研究与我的内心紧密相连的数字变革的一个领域，即由于大规模的技术变革而产生的身份和自我的重塑，这项研究的结果呈现在 2016 年的《身份问题》一书中。在这本书出版后，我转向研究与此相关但又大为不同的与数字变革有关的一系列技术发展——人工智能、机器学习、先进机器人技术和加速自动化。我的主要目标是从一般社会学，特别是社会学理论的角度来研究人工智能世界的广度和强度。在这个过程中，我十分感谢安东尼·吉登斯勋爵（Lord Anthony Giddens），他或许比任何人都更能影响我对我们时代与生活中的数字变革的思考。我非常感谢他抽出时间与我详细讨论他在英国议会上议院人工智能特别委员会的工作，感谢他花时间阅读我早期的手稿，以及他富有洞察力的建议和推荐。我还要向斯文·凯塞林（Sven Kessel-ring）表示感谢，他对本书早期的草稿提供了非常有益的评论。

澳大利亚首席科学家艾伦·芬克尔博士（Dr. Alan Finkel）任命我为澳大利亚学术研究委员会人工智能专家工作组成员，我从中获益匪浅。这项研究是应澳大利亚联邦科学委员会的要求进行的，并得到了澳大利亚研究委员会、总理和内阁部以及工业、创新和科学部的支持。我要感谢专家工作组的同事，特别是澳大利亚学术研究委员会的安格斯·亨德森博士（Dr. Angus Henderson）和澳大利亚社会科学院的约翰·比顿博士（Dr. John Beaton）。

这本书的写作历时 4 年，从 2015 年到 2018 年。我非常感谢许多学术机构和资助机构对这项研究的支持，使我能够在海外继续为这个项目工作，这些机构包括澳大利亚研究委员会（DP 160100979 和 DP 180101816）、日本丰田基金会（D16-R-0242）、欧盟伊拉斯谟＋让·莫内计划（587082-EPP-1-2017-1-AU-EP-PJMOPROJECT）。我获得日本庆应义塾大学人类关系研究生院的超级全球（客座）教授职位，使我得以在日本继续进行研究，我非常感谢该学院领导和同事的支持。在欧洲，我是都柏林圣三一学院长房中心（Long Room Hub）访问学者［非常感谢尤尔根·巴克霍夫（Juergen Barkhoff）］，都柏林大学社会学院客座教授［感谢亚夫莱斯·沃森（Iarfhlaith Watson）和西尼萨·马里瑟维奇（Siniša Malešević）］，巴黎第二大学客座教授［感谢让-雅克·罗奇（Jean-Jacques Roche）］，借由职务之便，我在欧洲得以继续研究。我在巴西、日本、德国、法国、英国、爱尔兰、芬兰和澳大利亚讲授人工智能社会学时，幸运地得到了听众详细而中肯的评价。

我特别感谢与南澳大利亚大学霍克欧盟让·莫内卓越中心各位同事的合作，特别感谢埃里克·许（Eric Hsu）和路易斯·埃弗鲁斯（Louis Everuss）。中心的高级研究助理罗斯·博伊德（Ross Boyd）以其高度精准的研究助理工作和无微不至的细心照料，在这本书酝酿过程中的各个阶段给予了我支持。我还要感谢南澳大利亚大学对外关系和战略项目部的同事，特别是奈杰尔·雷尔夫（Nigel Relph），我感到很幸运能与他一起工作，他为我完成此书创造了条件。

我非常感谢能与许多同事一起对这些不同主题进行探讨，特别感谢已故的约翰·厄里（John Urry）。特别感谢同仁的意见、建议以及最近与以下同仁的讨论，包括片桐正孝（Masataka Katagiri）、泽井敦（Atsushi Sawai）、拉尔夫·布洛姆奎斯特（Ralf Blomqvist）、波-马格努斯·萨伦纽斯（Bo-Magnus Salenius）、马琳·弗雷登达尔-彼得森（Malene Freudendal-Pedersen）、罗伯特·J. 霍尔顿（Robert J. Holton）、查尔斯·莱默特（Charles Lemert）、奈杰尔·思瑞夫特（Nigel Thrift）、尼克·史蒂文森（Nick Stevenson）、安东尼·莫兰（Anthony Moran）、托马斯·伯奇内尔（Thomas Birtchnell）、铃木敏子（Mikako Suzuki）、出口武（Takeshi Deguchi）、迈克·因内斯（Mike Innes）、克里斯·麦基（Kriss McKie）、比安卡·弗雷尔-梅德里奥斯（Bianca Freire-Mederios）、朱迪·瓦伊克曼（Judy Wajcman）、大卫·比塞尔（David Bissell）、约翰·卡什（John Cash）、山本丽娜（Rina Yamamoto）、英格丽·比斯（Ingrid Biese）、大卫·拉德福（David Radford）、黛博拉·麦克斯韦尔（Deborah Maxwell）、让·艾略特（Jean Elliott）、基思·艾略特（Keith Elliott）、杰弗里·普拉格（Jeffrey Prager）、苏珊·卢克曼（Susan Luckman）、内藤秀树（Hideki Endo）、卡洛斯·贝内迪托·马丁斯（Carlos Benedito Martins）、石友爱（Yukari Ishi）、加藤富美（Fumi Kato）、帕·拉卢瓦利亚（Pal Ahluwalia），以及迈克尔·赖（Michael Lai）。

我还要一如既往地感谢我在劳特利奇出版社的编辑格哈德·布姆加登（Gerhard Boomgaarden），非常感谢他给予我的明智的建议，他一次又一次地向我展示了友谊的意义。我也非常感谢劳特利奇出版社的艾莉森·克拉菲（Alyson Claffey）和戴安娜·西奥博特亚（Diana Ciobotea）。非常感谢魁维·艾略特（Caoimhe Elliott）帮助我们设计本书的封面。

最后，也是最重要的，我要感谢我的家人。在写这本书的过程中，尼古拉·杰拉蒂（Nicola Geraghty）比任何人都更了解我想要完成的事情，并全力支持我，她的鼓励和信念对我至关重要。魁维（Caoimhe）、奥斯卡（Oscar）和尼亚姆（Niamb）成长于一个充满人工智能的世界，数字变革的故事一直是他们生活的背景故事。他们对数字变革的兴趣和迷恋极大地丰富了我在人工智能和机器人方面的研究工作。他们帮助我认识到，思考人工智能也是思考社会关系的一种方式，尤其是思考自我和社会的另一种未来的一种方式。思考移动性数字连接是思考我们对彼此的意义，以及这些意义是如何随着时空进行转变的一种方式。从某种意义上说，这本书是写给他们的一篇扩展文章，讲述了我如何看待未来我们之间的联系——主要以智能机器为媒介，但希望不是全部——以及人工智能在更广泛的社会、文化、经济和政治方面的影响。